G30 线赛里木湖—果子沟高速公路养护手册·第2册

Guozigou Daqiao Yinqiao Yanghu
果子沟大桥引桥养护

新疆伊犁公路管理局　主编

人民交通出版社

内容提要

本书为G30线赛里木湖—果子沟高速公路养护手册——果子沟大桥引桥养护。主要内容包括：资料篇、养护篇、检测篇、应急篇、管理篇，共五篇。

本书根据目前国内设施管理的现状，从设施安全和养护维修的理念、主要任务、管理原则、技术重心、实施途径、特大桥重大事故的预防等方面设计了果子沟大桥引桥养护维修方案。

本书适合从事公路养护工作的工程技术人员和养护管理人员使用，也可供行业从业人员参考。

图书在版编目（CIP）数据

G30线赛里木湖—果子沟高速公路养护手册．第2册，果子沟大桥引桥养护/新疆伊犁公路管理局主编．--北京：人民交通出版社，2012.9

ISBN 978-7-114-09959-5

Ⅰ．①G… Ⅱ．①新… Ⅲ．①高速公路－公路养护－新疆－手册②高速公路－公路桥－引桥－公路养护－新疆－手册 Ⅳ．①U418－62

中国版本图书馆CIP数据核字（2012）第170703号

G30线赛里木湖—果子沟高速公路养护手册·第2册

书　　名：**果子沟大桥引桥养护**
著 作 者：新疆伊犁公路管理局
责任编辑：袁　方　王绍科
出版发行：人民交通出版社
地　　址：（100011）北京市朝阳区安定门外外馆斜街3号
网　　址：http://www.ccpress.com.cn
销售电话：（010）59757969，59757973
总 经 销：人民交通出版社发行部
经　　销：各地新华书店
印　　刷：北京市密东印刷有限公司
开　　本：720×960　1/16
印　　张：9.5
字　　数：122千
版　　次：2012年9月　第1版
印　　次：2012年11月　第2次印刷
书　　号：ISBN 978-7-114-09959-5
定　　价：128.00元（共4册）

《G30线赛里木湖—果子沟高速公路养护手册》

编 委 会

混凝土段。检查内容：裂缝、挠度、变形。

梁体的养护维修，如表 2-6 所示。

梁体的养护维修 表 2-6

病害（缺陷）	养护维修对策
混凝土表面裂缝	小于规范值（0.2mm）：宜用水玻璃或环氧树脂封闭处理； 大于规范值（0.2mm）：宜用环氧树脂胶砂浆处理
表面蜂窝、麻面、剥落等	按普通混凝土修补技术处理
挠度、裂缝严重	参考方法： ①主筋增添钢筋法； ②钢板粘贴法； ③混凝土围带式钢箍加固法
支座处混凝土裂缝或压碎	清理破碎混凝土，压力灌缝，环氧混凝土或钢纤维混凝土修复
基础的沉降、偏位	利用地基加固措施纠偏

7.4 混凝土桥面板的养护

（1）混凝土桥面板检查

混凝土桥面板检查，采用桥梁检修车检查为主，辅以必要的设备，如照相机、卷尺、塞片、记号笔等。检查周期为一年，对混凝土桥面板重要部位或病害视情况而确定检查周期。其检查内容如下：

①混凝土有无裂缝、渗水、表面风化、剥落、露筋、空洞和钢筋锈蚀；有无整体龟裂现象。

②预应力钢束锚固区段混凝土有无开裂；沿预应力筋的外表面有无纵向裂缝。

③桥面横向裂缝可每季度检查一次。在支座及其附近的桥面板，不应有裂缝和渗漏水。若有裂缝和渗漏水部位，则应重做防水和封闭裂缝。

（2）混凝土桥面板养护

混凝土桥面板养护维修内容见表 2-7 所示。

混凝土桥面板养护维修　　表2-7

病害、缺陷	养护维修对策
混凝土露筋、剥落	①当面积不大时，凿去松动保护层，除锈，环氧砂浆等修补； ②当面积过大时，凿去松动层、除锈，用高强度等级水泥砂浆填补
受拉区裂缝、挠度	①当裂缝宽度小于允许值时，宜用封闭材料（如环氧树脂等）进行封闭处理； ②当裂缝宽度大于允许值时，需分析裂缝产生的原因，确定是否采取补强加固； ③当裂缝发展严重，或挠度超过规定值时，可采用：梁底粘贴法，如粘贴钢板、碳纤维等

7.5 墩台的养护

在桥梁墩台基础周围应设置保护区，不得任意在保护区内作业或修建对桥梁有害的建筑物。在桥下宜树立警告示牌，明确禁止在保护区内进行危及桥梁安全的活动。应保持墩台结构表面的整洁，清除杂草或其他杂物。对混凝土墩台如发现表面有裂缝、露筋、破损时，应及时修复。

(1) 对桥梁原有的防撞、警示等附属设施，应注意经常维护，使其保持良好状态。

(2) 当墩台因施工不良或基础不均匀沉降等原因发生裂缝时，应及时修补裂缝。当墩台表层出现缺陷时，应及时采用同等材料或高性能材料进行修补。若在混凝土盖梁顶部出现竖向裂缝，尤其是预应力梁，更要引起重视。这些竖向裂缝一般是由于弯拉应力作用引起的，一旦有水流到这些裂缝处，就会渗入盖梁内部，造成钢筋锈蚀，混凝土析碱泛白，出现白垢，对结构安全造成较大隐患。若为预应力盖梁，渗水严重威胁预应力筋，严重危机桥梁安全运行。

网状裂缝，为非受力裂缝，对墩台本身应力无多大影响，一般无须修补。在墩台顶部或容易积水处，为防止因冻胀而使裂缝逐渐扩大，可用环氧树脂砂浆修补。不影响墩台安全的裂缝，若裂缝宽度小，已趋稳定，未上下贯通或左右对称，过车时无明显张合现象，经分析不影响墩台安全时，可用环氧树脂砂浆修补或压注其浆液进行整治。对继续发展且较宽，上下贯通，左右前后对称，过车时有张合现象的受力裂缝，应找出裂缝发生的原因，采取有效的加固措施。对有急剧发展，张合严重，缝口错牙，影响承载能力，危及行车安全的裂缝，应立即采取临时措施保证行车安全，再查明原因进行加固改善。

当承台由于混凝土温度收缩、局部应力集中、施工质量不良等原因产生裂缝时，应视裂缝大小及损坏原因采取不同措施进行维修。

①当裂缝宽小于规定限值时，可凿槽并采用喷浆封闭裂缝的方法。

②当裂缝宽大于规定限值时，可采用灌注水泥砂浆、环氧砂浆等灌浆材料的压力灌浆法修补方法。

③水泥灌浆修补桥梁墩台裂缝施工工艺及要求：

a. 裂缝检查及处理。实施灌浆前应对修补部位裂缝再仔细检查一遍，以确定修补数量、范围、钻孔孔眼位置及压浆数量。

b. 钻孔及清孔。水泥灌浆是通过砌体或混凝土中用各种不同的方法钻成的孔眼灌入的。钻孔时，除骑缝浅孔外，不得顺裂缝钻孔，钻孔轴线与裂缝的交角应大于30°，孔深应穿过裂缝面0.5m以上（指承台部位）。孔眼开好后，须进行清孔，即用水由上向下冲洗各孔，冲洗干净后，使用压缩空气吹干。

c. 止浆或堵漏处理。灌浆前应把这些裂缝和孔隙堵塞，即进行止浆或堵漏处理。止浆或堵漏可用水泥砂浆涂抹，也可用玻璃胶布或环氧胶泥粘贴。

d. 压水或压风（气）试验。通过压水或压风（气）试验，检验孔眼畅通及止浆效果。

e. 灌浆。水泥浆用42.5号普硅水泥，水灰比控制在0.4，强度等级不小于C40，按规范要求做好7.07×7.07×7.07立方体试块。灌浆压力405~608kPa，压浆采用活塞推动式压灌灰浆泵。水泥浆拌制至压浆时间不宜过长，满足规范要求，注意用筛网过滤。

(3) 养护辅助设施。混凝土外观检查采用望远镜，墩顶若有检修平台，可检查望远镜检查的盲区。

(4) 墩台基础沉降和位移超过设计容许限值时，则加强观察；继续发展时应采取扩大承台或补桩措施予以加固。

(5) 承台表层缺陷的维修。混凝土结构表层缺陷的类型有：蜂窝、麻面、露筋、空洞、磨损、锈蚀、老化、表层成块脱落、构件变形、接缝不平。混凝土修补法一般采取直接灌注、喷射及压浆等方法。面积较大的修补工作，在灌注前还应立上模板，以保证修补的外观质量。施工前应把构件中的蜂窝或空洞缺陷部分尽可能凿除，且对修补部位进行凿毛处理，并使老混凝土表面保持湿润清洁不沾灰尘；为使新老混凝土接合良好，应在界面上涂抹一层界面处理剂。对于小面积的缺陷，特别是当损坏深度较浅时，在经处理后的修补处，将拌和好的砂浆用铁抹抹到修补部位，反复压完后进行养生。经过一段时间再在修补的区域周围涂上两层环氧树脂胶液封闭产生的裂缝。

(6) 墩台表面应保持清洁，及时清除青苔、杂草、荆棘和污秽。

(7) 桥墩台帽梁顶部的纵横向排水坡应该完好，利于排水；更不得在其上堆放杂物，不得有积水。

(8) 每年应检查墩台有无位移、倾斜、下沉，测量它们在纵向、横向及竖直方向的位移；并做好记录。对承台位移进行监控，特别是雨季要增加检查频率。有异常情况及时采取措施处理。基础沉降应定期测量，竣工第一年内应每季度测量一次，以后每年两次。

7.6 附属结构的养护

7.6.1 桥面铺装

7.6.1.1 病害识别

果子沟大桥引桥桥面铺装采用沥青混凝土桥面铺装。通常在桥梁运营期间，随着桥面铺装服务年限的增加和铺装材料的逐年劣化，沥青铺装层在使用过程中将不可避免出现一些病害，诸如局部的拥包推移、车辙、泛油以及松散龟裂等。由于这部分病害如果得不到及时的维护，将可能导致桥面沥青铺装层在行车荷载的作用下出现局部应力集中，铺装层将不能作为一个整体进行协调工作；并且在空气和水分等外界因素的综合作用下，桥面很可能出现诸如横向推挤、开裂、大面积龟裂、局部区域沥青铺装层松散和脱落等现象。沥青铺装层可见的缺陷也表明与铺装有关的其他部分可能发生了损坏。因此需查明根本原因并加以弥补，以防损坏再次发生。在进行一切工作及修复前，需检查并做好损坏情况的记录。

桥面铺装的病害及缺陷分为裂缝类、松散类、变形类和其他共4类、11项（见表2-8）。

沥青路面破损分类 表2-8

损伤类型	损伤描述
龟裂	轻：缝细、无散落，裂区无变形，块度处于20～50cm之间，按面积计算。 中：缝较宽、无或轻散落或轻度变形，块度小于20cm，按面积计算。 重：缝宽，散落重，变形明显，亟待修理，块度小于20cm，按面积计算
块状裂缝	轻：不散落或轻度轻微散落，块度大于100cm，按面积计算。 重：缝宽，散落重，裂块处于50～100cm之间，按面积计算
纵向裂缝	轻：无散落或轻微散落，无或少支缝，缝宽小于5mm，按长度计算。 重：缝壁散落、支缝多，缝宽大于5mm，按长度计算
横向裂缝	轻：缝壁无散落或轻微散落，无或少支缝，缝宽小于5mm，按长度计算。 重：缝壁散落，无或少支缝，缝宽大于5mm，按长度计算
坑槽	轻：坑浅，面积小（小于$1m^2$），坑浅小于等于25mm，按面积计算。 重：坑深，面积较大（大于$1m^2$），坑浅大于25mm，按面积计算
松散	轻：坑浅，面积小（小于$1m^2$），坑浅小于等于25mm，按面积计算。 重：坑深，面积较大（大于$1m^2$），坑浅大于25mm，按面积计算

续上表

损伤类型	损伤描述
沉陷	轻：深度浅、行车无明显不舒适感，深度小于等于 25mm，按面积计算。 重：深度深、行车明显不舒适，深度大于 25mm，按面积计算
车辙	轻：变形较浅，深度大于等于 25mm，按长度计算。 重：变形较深，深度大于 25mm，按长度计算
波浪拥包	轻：波峰波谷高差小，高差小于等于 25mm，按面积计算。 重：波峰波谷高差大，高差大于 25mm，按面积计算
泛油	路表呈现沥青膜、发亮、有轮印，按面积计算
修补不良	修补后出现损坏，按面积计算。

7.6.1.2　病害检查

（1）日常检查

①检查内容：

a. 检查并清除路面普通污染、路障和脱落的预拌碎石等杂物，防止这些外界异物被碾入沥青混凝土中。

b. 检查路面是否存在小范围的滴漏，如燃油、油漆、化学品等，及时进行清洁处理。

c. 检查桥面铺装与钢结构接缝处密封胶的黏结状况。如密封胶脱落或失效，就及时组织修复，防止水分渗入。

②检查频率：

日常检查频率为 1 次/天。遇特殊天气改为特殊检查。

③检查方法：

每日 1～2 人，穿反光背心，沿中央分隔带、紧急停车道及人行道步行巡视检查。发现行车安全隐患应尽快采取措施疏导交通。

（2）特殊检查

针对全年度桥面铺装损坏的不同特点，在不同月份必须对铺装进行特殊检查。其检查内容，如表 2-9 所示。

桥面铺装的检查内容 表2-9

检 查 时 间	检 查 内 容	损 伤 原 因
12、1、2月份	桥面铺装裂缝缺陷	寒冷天气
8、9、10月份	桥面车辙、路面鼓包等缺陷	夏季高温

检查应覆盖所有的车道。需要说明的是，表中所列两项检查并不意味一年内仅进行一次或两次，因为裂缝、车辙和鼓包的检查只通过个别季节内的一两次检查并不能全面查清，所以需要反复进行多次。

7.6.1.3 桥面铺装的养护

由于桥梁桥面铺装的重要性，必须加强对铺装层的日常养护。

（1）加强铺装状况调查，对发现的病害状况进行及时的总结，并进行相关维护处理，杜绝病害加剧发展。由于桥面铺装的特殊作用，对其铺装层所出现的病害必须及时快速处理。所选择的材料必须是具备高强、耐久、固化快以及施工操作简便等特性，以尽量减小因维修操作而对交通造成的影响。

（2）对于发现铺装层上的异物要及时清扫，特别是来往车辆上掉落的螺钉等杂物，以杜绝异物在车辆荷载作用下影响铺装层，产生坑洞病害。

（3）对于桥面铺装的养护过程，除特殊情况外（如化学溶剂或燃油洒落等），最好不要洒水，特别是在高温季节。铺装层夏季高温的表面最高温度可能在60℃以上，洒水会导致表面温度骤降，导致铺装层产生较大的温度应力，对铺装受力不利。

（4）严禁履带车或铁轮车直接在沥青混凝土桥面铺装上行驶。

（5）严寒降雪季节来临时，应立刻按照计划部署进行除雪与防冻。化雪可以采取撒布特殊融雪剂等防冻防滑材料，不应撒布氯化钠，以降低对桥梁附属结构的腐蚀。

（6）桥面铺装检查频率与病害基本处治流程。

引桥桥面铺装的维护过程中，要坚持“每日一小查、每周一巡（大）查”的巡查制度和贯彻“日常检查与特殊检查相结合”的工作方针，要把日常检查中发现病害与病害处治相联系。其具体的桥面检查与病害处治流程，如图 2-3 所示。

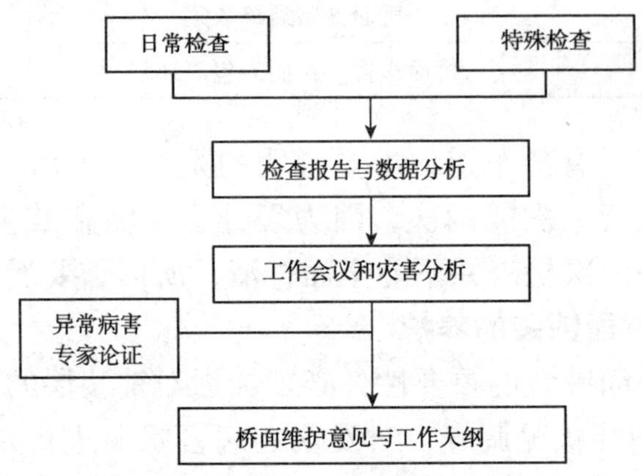

图 2-3　主桥桥面铺装检查与病害处治流程

（7）桥面沥青铺装缺陷类破损基本维护方案，见表 2-10 所示。

桥面沥青铺装缺陷类破损基本维护方案　　表 2-10

缺　陷	维　护　方　案
表面油污	如果仅在表面，并且没有造成安全隐患，没有严重损害路面美观，或没有对路面造成实质性的损坏则不予处理，否则用性质温和的清洁剂刷洗以清洁路面。 如果污迹已渗进沥青砂胶里，则加热并除去受污的材料，检查以确定是否所有的受污物料已被清除以及防水层黏结层是否受到了损坏；如果没有损坏则修复沥青面层，如果防水黏结层受到损坏，则应重新修复整个沥青铺装结构
表面凹痕	检查压痕是否已经导致渗水，如果是，则参阅裂缝修复，否则参照以下建议： 如果凹痕细小，则应先除去碎石，然后加热沥青砂胶并将凹痕周围的沥青推挤到凹痕处使它与周围水平，最后进行表面处治； 如果凹陷面积很大或表面很不平整，则应稍稍加热沥青砂胶，然后除去沥青碎石，将隆起的材料压挤下或除去多出的材料，加入新的沥青材料使其平整，完成表面处治

续上表

缺　陷	维　护　方　案
局部坑洼	如果是由于有机溶剂、车辆行驶过程中泄漏的机（汽）油等造成坑洞，则把这些区域应该连同油污一起清除掉，将坑洞及附近的整个沥青系统清除并修复，否则参阅表面凹痕的修复建议
鼓　泡	如果在某个路段出现了多个鼓泡，或在短期内鼓泡问题连续出现在同一个路段，则说明该路段的沥青铺装体系很可能存有问题，应该打开鼓泡进行检查；如果是，则应该对该路段的沥青铺装层进行处治。 如果鼓泡的密集程度较小且分布范围小，则可只对鼓泡处理而不必触及沥青铺装结构。其具体做法为：首先在沥青面层上钻孔来排放鼓泡内的气体，吸除钻孔内的灰尘（例如利用真空吸尘器），用一个注射器将密封胶灌入鼓泡底部，并用红外加热器对沥青砂胶徐徐加热使其软化，再用锤子和铁垫块夯实以完成表面处治
裂　缝	要做到“即裂即填”、“即裂即补”，及时填补、灌浆。 微裂缝：建议采用“灌缝”措施。具体做法为：首先用性质温和的清洁剂对微裂缝处进行清洗，确保裂缝部位清洁、干净；然后根据需要灌注聚合物黏结剂或填充缝隙的密封胶。 细小裂缝：此类裂缝是由于表面的凹陷或撕裂所造成，水暂时还没有进入铺装体系内部。具体的处治方法为：①对于宽度在 1 ~ 2mm 的裂缝，可用注入环氧树脂胶/密封胶的方法处理；②对于宽度大于 2mm 的裂缝，宜用注入环氧沥青黏结料的方法处理。灌注用的器具，宜选用兽用注射器或灌缝机。 大面积开裂或裂缝且分布较集中：建议采用局部挖除，重新铺装的办法。具体做法为：首先根据开裂的面积和形状，将修补面积向四周适当扩展 50 ~ 100 mm，形成相对规则的长方形或正方形，以消除“隐性滑移”的影响；然后对裂缝处进行清洗并修复损坏的沥青铺装层结构
表面碎石脱落	由于车辆在路面上急转弯或重物的重压等原因往往引起表面沥青碎石脱落，如果没有引发其他的缺陷，则清理已脱落的碎石和压碎的石子；如果已引发其他的缺陷/病害则参阅相应的修补建议
接缝开裂	如果接缝材料脱落，则用火枪加热并除去接缝料，清洗缝隙；然后检查是否仍有污迹存在，如有污损则除去附近的沥青砂胶，进行修复

7.6.1.4 裂缝的养护维修

沥青路面的裂缝有多种形式，应根据裂缝产生的不同情况采取相应的养护措施，对出现的裂缝病害及时处理，以避免裂缝进一步扩展。

早期出现的裂缝由于其宽度与长度均较小，给裂缝的修复带来了较大困难。因此，考虑选用一种黏度较低的灌缝材料，对出现的裂缝病害进行密封。对于大跨径桥梁桥面铺装所出现的裂缝，修补材料的选择除了能够起到密封裂缝之外，还应该满足桥面铺装的受力状况，不至于（或短期内不会）在行车荷载作用下出现二次开裂。

由于对桥面铺装的维修工作一般在不中断交通条件下进行，所以要求密封黏结材料的固化时间较短。为此，要求所选择的裂缝修复材料在操作温度下的初始黏度应该较低，以便于在黏结剂固化前进行简便的灌缝处理。一方面通过选择固化时间适宜的黏结剂；另一方面尽可能避开夏季高温季节及冬季严寒季节，选择气温较低的黄昏或傍晚进行处理。

（1）在高温季节，部分可自动愈合的裂缝可以不加处理。在高温季节不能愈合的轻微裂缝可以将有裂缝的路段清扫干净并均匀喷洒少量沥青（在低温、潮湿季节宜喷洒乳化沥青）；再匀撒一层2～5mm的干燥清洁石屑或粗砂，最后用轻型压路机对石料进行碾压。并沿裂缝涂刷少量稠度较低的沥青。

（2）对于路面纵向或者横向的裂缝，应按裂缝的宽度按以下步骤分别予以处理：

a. 裂缝在5mm以内的：清除裂缝中的杂物、尘土，将稠度较低的热沥青（缝内潮湿时应用乳化沥青）灌入缝内，灌入缝内深度约为缝深度的2/3；填入干净石屑或粗砂并捣实。同时，将溢出缝外的沥青、石屑及粗砂清除。

b. 缝宽在5mm以上的：除去已松动的裂缝边缘，用热拌沥青混合料填入缝中并捣实。

7.6.1.5 坑槽的养护维修

（1）对个别的坑洞，应清除洞内杂物，按坑槽修补方法修补，达到平整密实。

（2）对较多坑洞且连成一片的，应采取薄层修补方法进行修补。

对路面病害修理前后须进行照相，记录反映病貌、修补日期、时间、气象资料和修补人。

7.6.1.6 车辙的养护维修

（1）车道表面因车辆行驶推移而产生的车辙，应将出现车辙的面层切削或铣刨清除，采用路面铣刨机铣刨车辙表面一定深度 2 ~ 3cm，并清除干净。然后重铺沥青面层。

（2）桥面受横向推挤行车的横向波形车辙，如果已经稳定，可以将凸出的部分削除；在波谷部分喷洒或刷涂黏结沥青并填补沥青混合料并找平、压实。

7.6.1.7 沉陷的养护维修

通车后，桥面或桥头可能出现不均匀沉陷，影响行车安全，应及时组织维修。维修时，一般采用加铺沥青层的方法。

（1）准备工作：包括机具、人员、材料的准备，以及交通组织安排等。

（2）测量放样：按施工要求，在施工区域内绘出各点的高程，放置临时样桩。

（3）铣刨与清扫：按放样高程用铣刨机进行铣刨，铣刨部位形状应做成矩形，槽壁垂直，纵横边线与路中线平行或垂直。铣刨后及时清除废料，清扫现场，废料装车运走。

（4）喷洒乳化沥青：在铣刨区域内均匀喷洒乳化沥青，槽壁可用油刷刷除。

（5）摊铺：采用沥青摊铺机摊铺，且其工艺要求需与原施工路面一样。

（6）碾压：按照技术规范要求，保证新加铺层密实度在 95% 以上，平整度在 2mm 以内。

7.6.2 防撞护栏的养护

护栏的作用是诱导驾驶员视线，增加驾驶员和乘客安全感，防止车辆驶出，避免交通事故。

7.6.2.1 养护要求

（1）护栏应保持完好顺直，栏杆立柱竖立正直，水平栏杆自由伸缩，无油漆剥落、根部松动、破损、开裂和变形。

（2）因车辆碰撞或其他原因造成护栏变形或损坏的，一天内修补完整。无法及时修理、而采用临时防护措施的，必须牢固、醒目。

（3）锈蚀严重的护栏应及时更换。

7.6.2.2 养护维修措施

（1）作业人员到达作业区域后，必须严格按《公路养护安全作业规程》（JTG H30—2004）实施安全作业区域的隔离围护。

（2）安全作业区域隔离围护的设置，必须顺交通流方向进行。

（3）作业人员拆下被损坏的部件，其步骤如下：

①作业人员先拆下栏杆。栏杆有上、中、下三根，拆下时先用绳子把栏杆和柱子扎牢（两头两个点）再用扳手放松卸下连接螺柱，先上后下地用人力套牢绳子轻轻卸下。随后用同样的方法拆下第二、第三根。

②拆除损坏立柱。先用绳子扎牢损坏的柱子，连接于桥面固定点，防止向桥下倒落；再用专用扳手拆除连接螺母，慢慢进行卸下。

（4）安装新配件的步骤如下：

①安装新立柱。用绳子扎牢立柱，使用专用扳手扭紧螺母。

②安装栏杆。栏杆有短接管零件，预先安装好，先安装最上面一根，随后固定好后以上面一个为吊杆，用绳子拉吊第二根、第三根，安全就位用扳手将螺柱紧固。

③检查是否装配合理。在装配过程中，如有碰伤镀锌部位需补锌，

直至合格。

(5) 安全作业区域隔离围护，必须逆交通流向撤除。

7.6.3 伸缩缝的养护

果子沟大桥引桥的大位移伸缩缝，位于主桥两端边墩位置。伸缩缝是设置在梁端部结构处的重要装置，它应满足承受车轮荷载的反复作用和适应梁端位移，保证梁体自由伸缩，具有良好的平整度、防水性。因此必须定期对伸缩缝伸缩量、伸缩缝完好状况进行检查，以正确反映大桥伸缩缝的实际情况，为大桥伸缩缝养护维修提供第一手资料。伸缩装置的检测项目，如表 2-11 所示。

伸缩装置的检测项目 表 2-11

项次	检查项目	检 查 内 容	检测方法、频率和规定值
1	缝宽	伸缩缝宽是否均匀	钢尺，1 次/年，符合设计要求
2	与桥面高差	伸缩装置顶面和梁顶面相对高差	3m 直尺、塞尺，1 次/年 <2mm
3	外观鉴定	检查止水氯丁橡胶片、不锈钢板和齿形板有无变形渗水	目测，1 次/d，伸缩装置能不能正常进行

7.6.3.1 伸缩缝的日常性检查

有计划地、有组织地做好经常性的检查工作，可以尽早地避免因小的损坏而演变成大的破坏。

日常性检查工作主要包括：伸缩缝是否堵塞、挤死、失效；各部分的构件是否完好；锚固连接是否牢固，连接件是否松动；有无局部破损；伸缩缝是否有不正常的响声或异常的伸缩量；伸缩缝各基本单元间隙是否均匀；钢构件是否锈蚀、变形；伸缩缝处是否平整，有无跳车现象等。为便于养护维修，对检查应做好记录，建立检查记录档案。检查伸缩缝的平整度，听车辆开过的噪声是否有异常。防腐层（涂层）厚度是否满足要求。

纵向斜度超过 2% 的伸缩缝会受到车辆不均匀制动和加速力的影

响。这就可能导致伸缩缝高端处的间隙比低端处的间隙大。

伸缩缝的平整度可显示伸缩缝上下结构的位移，如倾斜和转动等。一般来说，如果伸缩缝不平整，行车的舒适性就会受到影响，以下两点应仔细检测：

①横向平整度（伸缩缝）；

②每两间隙的落差（垂直方向）。

7.6.3.2　伸缩缝的养护

伸缩缝应经常养护，如清除碎石、泥土杂物；拧紧螺栓，并加油保护；修理个别损坏部分等，使其发挥正常作用。若有损坏或功能失效要及时修理或更换。

7.6.3.3　伸缩缝的维修

（1）修补前应查明原因，采用行之有效的、与之相适应的修补方法。修补工作要依据缺陷的程度，或部分修补，或部分以致全部更换。

（2）当铺装层破坏时，要凿除重新铺筑。凿除破损部位要画线切割（或竖凿）。清扫旧料后再铺装新面层，当采用混凝土浇筑时，要采用快速水泥并注意新旧接缝要保持平整，对铺筑部分要加以初期养生。

（3）出现断裂或出现裂缝后，要采取焊接方法进行修补。

（4）桥面伸缩缝的修补或更换工作大都不中断交通。因此，通常可考虑采用限制车辆通行，半边施工、半边通行车辆；或白天使用盖板，夜间施工时禁止通行；或白天使用盖板，夜间限制车辆通行，半边施工、半边开放交通等方法。总之，均要注意抓紧时间、尽量缩短工期，保证修补质量。

7.6.3.4　伸缩缝养护维修作业步骤

（1）作业人员到达作业区域后，必须严格按《公路养护安全作业规程》（JTG H30—2004）实施安全作业区域的隔离围护。

（2）安全作业区域隔离围护的设置，必须顺交通流方向进行。

（3）处理混凝土表层的裂缝一般使用快封一号胶作喷涂封闭处理。用刷子调匀快封一号胶涂于裂缝表面。

（4）处理混凝土小面积缺损的方法，可直接在清理表面后使用C40混凝土或快速混凝土进行修补，并在4h后开放交通。

（5）处理螺母松动：

首先清理螺栓孔内的杂物。

使用扭力公斤扳手将松动的螺母进行紧固。

灌入拌和好的环氧树脂进行密封，待其固化（环氧树脂牌号为：6101，固化剂牌号为：T31、配合比例为5:1）。

在施工温度20℃左右，固化时间约为4h左右方可开放交通。

7.6.3.5 伸缩缝病害处理

为防止螺杆与螺母松动，螺纹上必须涂防松胶水，螺杆与螺母面少量点焊固定，最后螺孔内灌注防水和防松环氧树脂。伸缩装置为钢结构，在使用一定时期后可能出现锈蚀现象，一旦发现立即进行防腐处理。

7.6.4 排水设施的养护

7.6.4.1 养护要求

（1）进水口盖框及格栅完好，无断裂、破损；进水口盖应平整，无摇动。

（2）进水口的安放应与桥面平顺，并略低于桥面。

（3）排水管固定牢靠；其固定螺栓无生锈现象。

7.6.4.2 养护维修措施

（1）进水口盖缺损时，须进行更换。其更换步骤如下：

①作业人员到达作业区域后，驾驶员将作业车辆停靠在紧急停车带内，打开诱导灯、双闪灯、警报器。

②作业人员必须从作业车的右侧下车，确保人身安全。

③作业人员将损坏的盖板拆除。

④作业人员清理进水口内的垃圾。

⑤作业人员换上新盖板。

⑥检查新盖板有否高低不平现象，若不平整则须进行修正直至平整。

⑦作业人员将旧盖板及垃圾集中装袋，由卡车运输到指定点处理。

⑧作业人员调换进水口盖板结束后，立即离开现场。

(2) 加强排水。凡属水平面或斜坡状的结构，一旦遇到雨水的侵害，须及时排除积水，这是保护结构的一个十分重要的措施。钢结构或混凝土结构表面一旦积水，其危害性比结构表面潮湿更大。

(3) 进水口、立管，会产生很多泥沙，这些泥沙会影响桥梁的排水设施的正常运作，甚至会堵塞排水设施。对立管宜采取每一个月一次的频率，用高压冲水车进行疏通，保持立管排水畅通。虽然此项工作较为简单但对压力的控制有一定难度，过低则无法疏通干净，过高则可能对管道造成损坏。

7.6.5 交通标志的检查内容和养护

7.6.5.1 检查内容

除了每日巡视外，还需每月一次定期检查所有的交通标志。在汛期来临前，还应临时增加安全检查。其检查内容如下：

①标志牌基础是否稳固，有无裂纹；底座螺栓有无松动、腐蚀。

②杆是否有变形、损坏、受污及腐蚀情况。

③标志牌是否变形、损坏、受污及腐蚀。

④板面有无缺字、掉字；反光材料的反射性能是否完好。

⑤反光标志牌的缺失情况怎样。

此外，还要根据道路条件或交通条件变化（如增设或变更交通管制等)，检查大桥交通标志的设置地点、指示内容及标志相互位置关系等是否适当。

7.6.5.2 养护维修措施

在检查的基础上，根据发现的异常情况，采取有效的养护维修措施，主要内容如下：

①交通标志有污秽的，应进行清洗。

②油漆脱落或有擦痕，面积较小时可用油漆刷补；油漆脱落或褪色严重，指示内容辨别性能明显降低时，应重新油漆或更换新的标志。

③标志牌变形，立柱弯曲、倾斜应尽快修复；螺栓松动应及时紧固。

④辨认性能下降或夜间反光标志反射能力降低的标志，应予更换。

⑤标牌、标杆有变形、损坏、丢失，及时修复或更换。

⑥由于不可抗力原因造成标牌倾斜或倾倒，采用汽车吊及时扶正并焊接固定牢靠。

7.6.6 交通标线的养护维修内容及其养护作业步骤

交通标线是管制和引导交通的安全设施，引桥上热熔反光标线，是按《道路交通标志和标线》（GB 5768—2009）中道路标线的标准和要求制作的。

7.6.6.1 养护要求

交通标线应经常保持完好、清晰，定期进行标线重涂。

7.6.6.2 路面标线导向箭头和文字标记的养护维修主要内容

（1）路面标线污秽，影响反光性能时，应进行清扫或冲洗。

（2）路面标线磨损严重或脱落、影响反光性能时，应重划，并注意避免与老标线错位。

（3）重新喷刷油漆时，应注意避免与原标线错位。

（4）进行路面局部修理，使路面标线局部缺损或被覆盖，须采用人工方法进行修补或喷刷。

（5）立面标线应保持颜色、醒目。养护和修理的主要内容是清除表面污秽，如已褪色或油漆剥落，应及时重新涂漆。

（6）凸起路标养护内容是保持反射性能，经常清扫凸起部位周围的杂物，清除反光玻璃表面污秽。主要修理内容是保持完好的反射角度，发现松动的予以固定；发现损坏或丢失的应及时修复或更换。

7.6.6.3 养护作业步骤

（1）作业人员到达作业区域后，必须严格按《公路养护安全作业规程》（JTG H30—2004）实施安全作业区域的隔离围护。

（2）安全作业区域隔离围护的设置，必须顺交通流方向进行。

（3）作业人员用铲刀将松散、起壳的标线进行铲除，并用扫帚将修补区域清扫干净。

（4）作业人员用麻线固定于已有的标线处，对修补区域进行放样，并对需修补的标线进行画线标出。

（5）作业人员用两块模板隔离涂刷区域。

（6）开始涂刷标线（冷漆），为保证能尽快开放交通在冷漆内适量添加快干剂，养护时间控制在6h左右。

（7）标志线油漆养护期间应确保现场安全设施围护完好，待修补油漆养护完成后方可撤除安全围护设施。

7.6.7 支座的日常养护、定期检查内容及其维修与更换

7.6.7.1 日常养护

（1）支座各部应保持完整、清洁，每半年至少清扫一次。清除支座周围的油污、垃圾，防止积水，保证支座正常工作。

（2）支座要进行除锈防腐。按规定应10年左右进行一次彻底的防腐涂装，打磨除锈彻底，重新油漆。并用棉丝仔细擦净不锈钢板表面的灰尘。

（3）及时拧紧钢支座各部接合螺栓，使支承垫板平整、牢固。

（4）支座的防尘罩，应维护完好，防止尘埃落入或雨、雪渗入支座内部。

（5）重点监测上下座板的位置、角度、间隙等，判断支座是否正

常滑移和转动；上下座板有无裂纹，其周围混凝土有无开裂，滑板是否在正常位置及其磨损情况等。

（6）应防止支座接触油污引起老化、变质。

（7）支座的防尘罩，应维护完好，防止尘埃落入或雨、雪渗入支座内。松动锚栓螺母，清洗上油，以免螺母锈死。定期对支座钢件进行擦油防锈，但不锈钢滑动面不得油漆。

7.6.7.2 支座维修与更换

支座如有缺陷或产生故障不能正常工作时，应及时予以修整或更换。支座的固定锚销剪断，滚动面不平整，轴承有裂纹或切口，混凝土开裂、歪斜，必须更换。支座座板翘起、变形、断裂时应予更换，焊缝开裂应予整修。支座出现不均匀压缩变形时应进行调整。支座发生过大剪切变形、中间铜板外露、橡胶开裂、老化时应及时更换。支座的滑板磨损时应予更换。其更换步骤如下：

（1）支座更换时应先用千斤顶将梁体顶起，使支座卸载；然后将地脚螺栓松动除去，随后即可将支座撤除。

（2）将与原支座同型号的新支座吊上墩台，用拉链葫芦将新支座移至原支座位置处，对准螺栓孔，重新装上地脚螺栓。去除千斤顶，支座即更换完毕。

7.6.7.3 支座定期检查

支座的定期检查，主要检查支座功能是否完好，组件是否完整、清洁、有无老化、变形、锈蚀、断裂、错位和脱空现象。上下座板与梁身、支座垫石相互之间是否密贴，有无三条腿等不正常现象；支承垫石是否完好，是否有积水或尘埃等。要观测有无变形；要检查其是否灵活，实际位移量是否正常、变位方向是否与温度变化相符，有无限位装置等。支座下盆顶面不锈钢板是否起拱。测量支座高度，验算竖向变形是否在允许范围内。检查横向限位挡块是否有卡死现象，间隙是否均匀。检查纵向挡块混凝土是否存在开裂现象。

（1）检查各型支座上板与梁底、下板与支承垫石间是否密贴；支承垫石有无积水和破损；梁跨两端四支座有无三支点现象。

（2）检查支座各部分相互位置是否正确，特别注意各部螺栓是否有损坏，特别要检查其变位是否与温度变化相符，倾角是否在容许限度内；固定支座要检查其有无变形。

（3）支座检查：有无钢件裂纹、脱焊、锈蚀；特别要检查橡胶是否老化、开裂；有无过大的剪切变形或压缩变形，各夹层钢板之间橡胶层外凸是否均匀；聚四氟乙烯板的磨损度和活动面的洁净度如何。

（4）特别要检查其位移、转角超限情况及密封圈的密封性；固定和密封用的螺钉是否松动，密封圈是否失效。

（5）定期对支座钢件的表面（除不锈钢板和聚四氟乙烯板表面外）的“金属喷涂＋重防腐涂料封闭”涂装体系进行检查，超过有效保护期应重涂，以满足果子沟大桥引桥的防腐要求。

8 预防性养护

目前，对桥面预防性养护方式主要有灌缝和封缝、微表处、稀浆封层、沥青再生、薄层加罩等等，其选择方式应基于桥面状况、交通量、施工条件、养护成本等具体情况综合考虑。

为了保证桥面系统以良好的状态保持更长的时间，延缓未来的破坏，真正达到黑色桥面的设计使用寿命，在适当的时机，采用适合的预防性养护措施，从而保证全寿命周期的理念融入实际的养护桥面工作中。

桥梁防水和排水系统的破坏是造成桥梁病害的重要原因之一。因此，不仅要选好防水所用的不透水膜材料，而且也要对排水系统做妥善布置，使积水能迅速排到结构以外的无害地段。排水系统如有渗流迹象，应及时堵塞漏洞，清除淤泥，使排水系统畅通。桥梁支座周围所堆积的灰尘和垃圾若不及时清除则支座将因潮湿而锈蚀，导致受力不均，转动或移动不灵，有可能带来严重后果。

8.1 桥面结构预养护

（1）桥面预防性养护的宏观标准

对桥面状况进行详细调查，综合判断当前预养护的可行性。用预养护材料封闭修补接缝，防止水渗入造成新的病害；对早期出现的裂缝处理、恢复磨耗层的功能、提高抗滑能力、表面磨光的处理，其主要技术方法有裂缝的填灌缝、表面封层、超薄磨耗层的加铺等。

微表处是一种特殊的稀浆封层技术，其工艺是采用改性稀浆封层车在桥面上摊铺一层表面封层混合料，这种混合料由特制的高分子改性乳化沥青、优质级配的细集料、聚合物、水和矿物填料等组成，封层的厚度一般在 10 ~ 20mm。微表处可密封桥面表面，阻止路面松散、氧化；密封路面的细小裂缝；改善桥面的抗滑性能和行驶质量；修复车辙（≤40mm）和轻微的表面不规则；增加桥面颜色对比度，改善桥面外观。而且很大优势是养护后 1h 即可开放交通。

灌缝或封缝是采用密封材料充填裂缝，工作内容包括裂缝的清理、灌填空间的形成（如切割）和填缝料的灌入。目前常用的新材料有两种：一种是道路密封胶：采用热灌或冷补材料；另一种是封缝带，用于 6 ~ 10mm 以上的裂缝。

超薄磨耗层是采用集料和沥青（一般采用改性沥青）混合料的薄热拌沥青混凝土罩面。沥青桥面预养护用的热拌沥青混合料类型宜为细粒式，可采用较薄的罩面层（厚度为 20 ~ 30mm）。这种方法能保护桥面结构，延缓桥面损坏；修正桥面的大部分缺陷，改善桥面的平整度或行驶质量；改善桥面的抗滑能力和外观；不增加或基本不增加桥面的荷载。

（2）预防性养护时间的时机选择

桥面预养护时机的选择也是实施预养护成功与否的关键，而其最佳预养护时间没有统一的标准。根据实践经验总结，一般设施实施预养护时间总体在使用寿命50%的阶段内进行，并综合考虑设施的总体交通量、重载车超限量、自然条件影响等多个因素的全面均衡（见图2-4）。

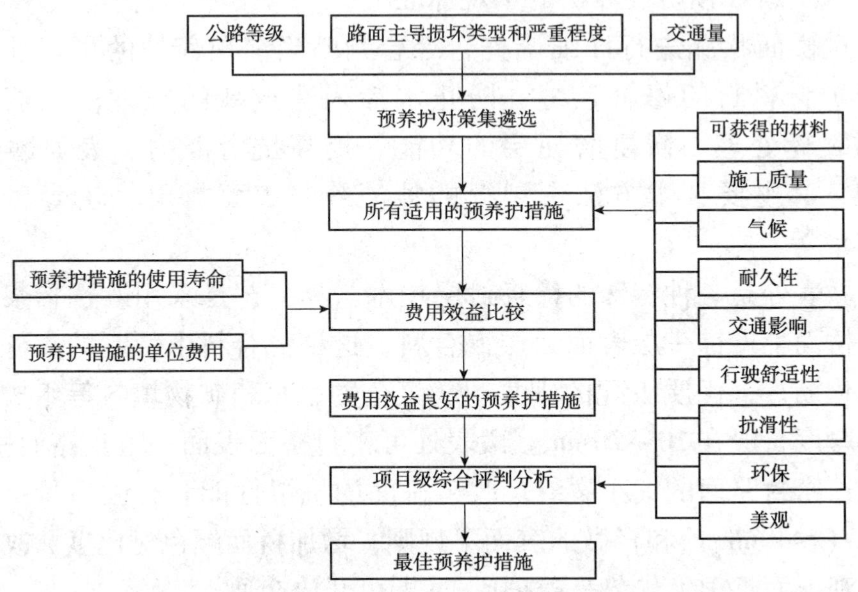

图2-4　预防性养护时间的时机选择

8.2　设施结构预养护

设施结构的预防性养护理念基于全寿命周期养护的雏形，辐射范围覆盖到了结构的综合预养护体系中。对工程中可能对结构耐久性存在薄弱环节的部位进行重点监测和进行预防性养护手段，以小成本大回报最佳养护方式，保证结构性能的衰减期得到有效推迟。

8.3　机电设施预养护

机电设施的预防性养护主要是对处置运行特殊环境下的设备进行的事先保养，尽可能地使设备的运行环境有所改善。设备运行应注意到六防，即防潮、防尘、防鼠、防雷、防静电、防电磁干扰。

8.4 伸缩缝预养护

(1) 更换伸缩缝止水带

由于伸缩缝止水带易损坏、破损，通常采用更换止水带方法。

施工时在螺母无法拧下的情况下应该打开白带，露出底部螺栓，用氧乙炔进行切割，取下梳齿板、不锈钢板及损坏的橡胶止水带；然后重新种植螺栓，原白带需清除干净，重新浇捣白带。

安装新橡胶止水带、不锈钢板、梳齿板后紧固固定螺母（需注意伸缩缝与桥面的平整度，在螺母可拧下的情况下，先拧下固定螺栓，取下梳齿板、不锈钢板及损坏的橡胶止水带，如发现原种植的螺栓的螺纹有损坏应凿出白带，露出种植的钢筋；然后将原螺栓用氧乙炔进行切割并重新种植新的螺栓，再重新浇捣白带安装新橡胶止水带、不锈钢板、梳齿板后紧固固定螺母。需注意伸缩缝与路面的平整度，如种植的螺栓完好情况下，只需直接更换新橡胶止水带，并安装好不锈钢板、梳齿板，再紧固固定螺母即可)。

(2) 白带损坏

由于伸缩缝白带损坏、破损，须采用超快硬水泥方法施工。

超快硬水泥2～3h即可获得实用的强度。与波特兰水泥一样，长期显示出稳定的强度增长。即使温度较低也可在短时间内产生实用的强度。

该水泥，坍落度损失小、作业性能出色，而且已将作业时间调整到15～30min，如需要进一步延长作业时间，请使用专用的缓凝剂。

8.5 各检查周期需检查的内容

根据以上检查养护的内容，在维护要求的基础上，列出各检查周期需检查的内容。

每季度需检查的对象及其内容，如表2-12所示。

每季度需检查的对象及其内容 表 2-12

检查对象		检查内容
边跨桥面重点检查部位	桥面板纵向裂缝	纵向裂缝的宽度、长度、位置、密度及发展程度等，必要时应拆除部分铺装层观测
	桥面横向裂缝	在辅助墩支座及其附近的桥面板，不应有裂缝和渗漏水
	支座及梁端区域	结合面不得有相对滑移和开裂
	混凝土桥面板	是否开裂、渗水
护栏	钢构件	是否损坏、锈蚀
	立柱	是否变形
	表面污秽	是否污秽
	油漆	是否损坏
	立柱与水平构件	是否紧固
	混凝土	是否破碎
防眩板		是否损坏、变形、松动；污秽程度如何
栏杆	油漆	是否损坏、脱落
	钢结构	是否锈蚀
桥区隔离栅	油漆	是否损坏、脱落
	钢结构	是否锈蚀
	网片	是否破损

每半年需检查的对象及其内容如表 2-13 所示。

每半年需检查的对象及其内容 表 2-13

检查对象	检查内容
标志牌、支柱	是否变形、损坏、污秽及腐蚀
油漆及反光材料	是否褪色、剥落
反光标志的反射性能	有无缺损
基础	有无裂纹
底座螺栓	有无松动、腐蚀
路面标线	是否污秽、磨损、脱落
轮廓标	有无污秽和遮蔽；有无变形、损坏

每年需检查的对象及其内容如表 2-14 所示。

每年需检查的对象及其内容　　表 2-14

重点检查部位		检查内容
混凝土	梁体、桥墩混凝土	是否出现裂缝、挠度、变形；进行现象描述
	支座处混凝土	
	其他	
钢筋	连接焊缝	是否出现损伤、开裂等现象
	涂装	是否出现脱落、损伤
	裂缝	是否存在；进行现象描述
	变形	
支座	支座地脚螺栓及导向限位板	是否出现断裂
	支座防尘密封裙	是否出现破损
	支座相对位移	是否均匀
	支座高度变化	是否存在聚四氟乙烯磨损的情况

此外，对于伸缩缝等若检测周期超过一年的构件未列入表中，在养护过程中按照各构件分类检查进行。

第三篇 检测篇

1 定期检查和维修

定期检查是指按照规定周期，对果子沟大桥引桥的技术状况进行定期的全面检查，并评定技术状况等级。定期检查要求有实践经验丰富的桥梁养护工程师参加，应由桥梁管理养护部门与有资质的桥梁检测单位共同进行。

定期检查是以目视观察为主，并使用专门仪器和设备对桥梁的关键部位和主要构（部）件每隔一定时期进行一次的详细检查。定期检查的内容虽然包括了一些经常性检查的内容，但定期检查比经常性检查的内容全面、深入、详细。定期检查时，必须接近或进入各构（部）件仔细检查其功能及材料的缺损情况。定期检查前必须创造接近各构（部）件的条件，如使用桥梁检测车、搭设临时支架等。定期检查工作应按规范程序进行，检查前主持检查的专职桥梁养护工程师要认真查阅有关技术资料及上次定期检查的报告，做好人力、设备等各种准备，落实安全保障措施。

1.1 方法、频率概述

定期检查周期计划每年一次，但必须根据技术状况确定，最长不得超过三年。桥梁交付使用一年后，进行第一次全面检查。在经常性检查中发现重要构（部）件的缺损明显达到三、四、五类技术状况时，应立即安排一次定期检查。

定期检查的方法如下所述。

（1）现场校核桥梁基本数据，当场填写“桥梁定期检查记录表”；对照设施资料卡和设备年报表中的基础数据进行现场校核。

（2）判断损坏原因，估计维修范围和方案，对难以判断其损坏程度和原因的构（部）件，提出作特殊检查的建议。

（3）根据设施技术状况，确定下次检查的时间；根据检查情况编制常规定期检查报告，并上报有关部门，对上一年度的维修养护工作质量进行评价。

(4) 定期检查的情况记录、评分及对养护维修管理措施的建议，均应及时整理、归档；已建立信息管理系统的，应及时纳入管理系统数据库。

1.2 定期检查项目明细

根据规范和设计要求，拟定定期检查项目如表3-1和表3-2所示。检查项目除另注明外，均为养护部门负责。

桥梁（梁体）定期检查明细表 表3-1

序号	检查项目	频率	方法	定性定量标准	备注
1	排水设施	1次/月	目测	不得生锈、堵塞、损坏、缺失	
2	防撞墙	1次/月	目测	无撞坏、断裂、错位、缺件、剥落、锈蚀等	
3	伸缩装置	1次/月	目测	缝内无杂物，伸缩装置无松动、翘裂、破损、老化	
4	标志标线	1次/月	目测	防眩板、指示牌、航道灯、轮廓标和通信、供电等设施齐全、醒目、牢固	
5	混凝土强度	1次/3年	回弹仪	对结构主要受力混凝土部件进行检测，如主梁横梁的1/4及跨中等截面的顶板、底板及腹板位置等均达规范要求	
6	混凝土碳化	1次/3年	钻孔	碳化深度小于混凝土保护层厚度	
7	混凝土裂缝	1次/3年	测定仪	小于规范规定的限值	

桥梁（附属设施）定期检查明细表　　表3-2

序号	检查项目	频率	方法	定性定量标准	备注
1	跨中高程	2次/年	水准仪	线形平顺，跨中挠度<设计限值	
2	梁体裂缝	1次/年	裂缝观测仪	无裂缝，无渗水	
3	支座压缩变形	2次/年	目测	橡胶无凸起现象	
4	支座下垫板是否生锈	2次/年	目测	无生锈，整洁、光滑	
5	支座四点高差	2次/年	尺量	高差小于1mm	
6	平面偏位（mm）	2次/年	经纬仪、钢尺拉线检查：每100m检查3处	4	
7	断面尺寸（mm）	2次/年	尺量，每100m每侧检查3处	±5	
8	竖直度（mm）	2次/年	吊垂线；每100m每侧检查3处	4	
9	预埋件位置（mm）	2次/年	尺量：每件	5	

2 特殊检查

特殊检查即所有的非常规检查，由专业人员依据一定的物理、化学检测手段，并辅以现场和实验测试等特殊手段对桥梁及构件进行详细检测和综合分析，其目的是查明桥梁病害原因、破损程度、破损范围和实际承载能力，确定桥梁或主要构（部）件的技术状态，分析损坏所造成的后果以及潜在缺陷可能给结构带来的危险，以便采取相应的技术措施。

特殊检查包括结构检测、计算分析评估和荷载试验三方面的工作。特殊检查的检查结果应提交书面报告。

特殊检查应由相应资质的专业单位承担，检查负责人和主要检查人员均应具有桥梁专业工程师资格，具有5年以上桥梁养护、管理、设计、施工经验。

特殊检查多由于特殊或意外的事件发生后而必须进行的检查。可能发生的特殊意外事件通常包括：

（1）由于意外损坏而导致的或常规检查、其他检查中发现的缺陷或不正常现象，需要更详细的调查或检查。

（2）桥面测得的平均风速超过80km/h的暴风之后。

（3）震中距离小于320km的地震之后。

（4）雷击之后。

（5）车辆撞击以后。

（6）某部件损坏。

（7）突然发生沉降，或沉降大于设计允许的范围。

（8）发现某些结构部件的缺损严重。

2.1 检查方法与要求

（1）特殊检查应根据桥梁的破损状况和性质，采用仪器设备进行现场测试、荷载试验及其他辅助试验，针对桥梁现状进行验算分析，形成鉴定结论。

（2）特殊检查的技术要求较高，承担者必须拥有相应的仪器设备、试验分析手段，具有较深厚的专业知识和判断结构工作状态的丰富经验，因此在资质方面应有所要求。关于承担单位的资质审查、委托方式，应按国家交通主管部门的相关规定执行。

（3）实施专门检查前，承担单位负责检查的工程师应充分收集资料，包括设计资料（设计文件，计算所用的程序、方法及计算结果）、竣工图、材料试验报告、施工记录、历次桥梁定期检查和特殊检查报告，以及历次维修资料等。原资料如有不全或疑问时，可现场测绘构造尺寸；测试构件材料组成及性能，勘查水文地质情况等。

（4）结构材料缺损状况的诊断，应根据材料的缺损的类型、位置和检查的要求，选择表面测量、无损检查技术和局部取试样等方法。

（5）结构整体性能、功能状况评定应根据诊断的构件材料质量状况及其在结构中的实际功能，用计算分析评估结构承载能力。当计算分析评估不满足或难以确定时，用静力荷载方法鉴定结构承载能力；用动力荷载方法测定结构力学性能参数和振动参数。

2.2 特殊检查的内容

（1）特殊检查的概念

特殊检查是对桥梁结构的质量及工作性能两方面所存在的缺损状况进行详细检查、试验、判断与评价的过程。

（2）特殊检查的项目和内容

特殊检查，一方面要对桥梁作全面评价；另一方面也应根据特殊检查的背景（原因）有重点地进行。其检查的项目和具体内容，如下所述：

①充分收集桥梁的有关资料，包括计算书、设计图、竣工图、材料试验报告、施工记录、养护维修档案、历次桥梁定期检查和特殊检查报告等。

②对桥梁做全面检查，对各部位病害损伤做全面观察了解，测试结构构件性能。

③应按实际断面尺寸及缺损状况、材料的实际强度和弹性模量、地基实际容许承载力和水文条件进行桥梁结构验算。

④做静力荷载试验，应按设计荷载或控制性车辆荷载，并计以冲击系数的结构效应作为最大试验荷载，同时量测结构控制截面和约束部位的位移、应变和裂缝等结构力学性能参数。将实测数据与计算值或规范值进行比较，当各项实测数值均小于或等于规定值时，一般可认为结构承载能力满足使用荷载的要求。

⑤动力荷载试验，量测结构动力响应，分析计算结构自振频率和受迫振动性能，评定结构动力性能是否满足行车和行人安全、舒适的要求。

以上五项工作，前三项是必须要做的，是不可缺少的；后两项可根据实际情况进行取舍。

2.3 特殊检测时的安全事项

对特殊检测结果不满足要求时，在维修加固前，应立即采取限载、限速或封闭交通措施，并继续监测结构变化。

荷载试验时所加荷载应经过计算分析确定，加载时应逐步加载，当设施状态变化超过预定变化值时，应立即停止试验。

2.4 鉴定与报告

（1）桥梁特殊检测后的鉴定内容

桥梁特殊检查应根据需要对以下两个方面的问题作出鉴定：

①桥梁结构缺损状况。它包括：对结构性能退化程度及原因的测试鉴定；结构或构件开裂状态的检测及评定。

桥梁结构材料缺损状况鉴定，可根据鉴定要求和缺损的类型、位置，选择表面测量、无破损检测和局部取试样等有效可靠的方法。试样应在有代表性构件的次要部位获取。

②桥梁结构承载能力。它包括对结构强度、稳定性和刚度的验算、试验和鉴定。桥梁结构验算及承载力试验，应按国家及行业有关标准和技术规范进行。

结构承载能力鉴定可采用结构分析和静力荷载、动力荷载试验对比的方法。静力荷载试验是桥梁承载能力鉴定最基本的方法。它通过布置在控制截面或部位的传感器，应用仪器测取结构自重及承受静力荷载的变形、应力、内力、裂缝等资料，对结构的强度、刚度及稳定性进行分析，在与计算值或规范值进行比较分析后，可以给出承载能力的评价。桥梁的动力荷载试验用于测定其动力性能，主要是在动载作用下的受迫振动特性及桥梁结构的自振特性。当进行荷载试验时，应充分利用监测系统的既有条件和已取得的资料。

所有鉴定都应针对当时桥梁的实际状况，不能套用原设计的资料数据。

（2）桥梁特殊检测后的报告内容

特殊检测报告，可根据试验任务书或委托合同的具体要求来编写。但应包括以下内容：

①概述检测的一般情况。包括桥梁的基本情况，检测的组织、时

间、背景和工作过程等。

②描述目前的桥梁技术状况。包括现场调查、试验与检测的项目及方法、检测数据与分析结果和桥梁技术状况评价等。

③详细叙述检测部位的损坏程度及原因，并提出结构部件和总体的维修、加固或改建的建议方案。

3 检测

3.1 人工检测的项目、方法及评定标准

人工检测的项目、方法及评定标准，如表3-3所示。

人工检测项目、方法及评定标准一览表 表3-3

序号	检查项目	方法	评定标准	备注
1	钢筋锈蚀	钢筋锈蚀仪	无锈蚀	
2	支座外观	目测	座板无翘起、变形、断裂、橡胶老化、四氟滑板磨损	
3	支座位移	钢尺	钢尺、记录位移	
4	横向限位装置	目测	位置是否正确、间隙必须均匀	
5	大位移伸缩缝位移、高差	钢尺	缝宽/高差能满足设计规范要求	
6	纵、横向限位挡块	目测	橡胶支座位置是否正确、间隙是否均匀	
7	桥上接地装置	电表	接地电阻测量达到要求	
8	梁高程	水准仪	边跨跨中、中跨跨中、1/4跨处，横向左中右三处	
9	混凝土表面状况检测	目测	无空洞、麻面	
10	除湿机保护区域密闭状况	湿度计	密闭、干燥无积水	
11	环氧沥青混凝土强度	回弹仪	高温高日照下有无变形情况	

3.2 桥面状况检查

(1) 桥面平整度测试

根据《公路沥青路面养护技术规范》(JTJ 073.2—2001),桥面行驶质量的评价按以下方法和标准计算:路面行驶质量采用行驶质量指数(RQI)进行评定,以10分制表示。路面行驶质量指数与IRI的关系为:

$$RQI = 11.5 - 0.75 \times IRI$$

式中:IRI——国际平整度指数,m/km。

桥面行驶质量的评价标准,如表3-4所示。

桥面行驶质量评价标准 表3-4

评价指标~评价等级	优	良	中	次	差
向力系数 SFC	≥50	≥40~<50	≥30~<40	≥20~<30	<20
摆值 BPN	≥42	≥37~<42	≥32~<37	≥27~<32	<27

图3-1 自动摩擦系数仪

(2) 摩阻系数测试

桥面摩擦系数采用英国Findlay IrvineLtd. 公司设计制造的Griptester自动摩擦系数仪(图3-1)检测。它采用两个驱动轮和一个测试轮,驱动轮和测试轮大小不同,通过齿轮、链条的连接,使得测试轮在正常测试时既滑动又滚动,通过两个力传感器测得测试轮轴处的水平力和垂直力,即可得路面纵向摩擦系数。

桥面抗滑性能采用抗滑系数作为评价指标,抗滑系数以横向力系数(SFC)或摆式仪的摆值(BPN)表示。评价标准按表3-5的规定。

桥面抗滑能力评价标准 表 3-5

评价指标～评价等级	优	良	中	次	差
向力系数 SFC	≥50	≥40～<50	≥30～<40	≥20～<30	<20
摆值 BPN	≥42	≥37～<42	≥32～<37	≥27～<32	<27

3.3 混凝土碳化检测

混凝土碳化是指混凝土本身含有大量的毛细孔，空气中二氧化碳与混凝土内部的游离氢氧化钠反应生成碳酸钙，造成混凝土疏松、脱落。混凝土碳化本身对混凝土并无破坏作用，其主要危害是由于混凝土碱性降低使钢筋表面在高碱环境下形成的对钢筋起保护作用的致密氧化膜遭到破坏，使混凝土失去对钢筋的保护作用，因而钢筋锈蚀；同时，混凝土的碳化还会加剧混凝土的收缩，这些都可能导致混凝土的裂缝和结构的破坏。

（1）检测依据

混凝土碳化检测的依据是《公路桥梁承载能力检测评定规程》（JTG/T J21—2011）。

（2）检测方法

首先在欲测试的混凝土体钻孔，孔径在 15mm 左右、孔深大于混凝土碳化层厚度。一个区域布置三个测孔，三个测孔应形成“品”字形排列，孔距根据构件尺寸大小确定，但应大于两倍孔径。成孔后用毛刷将孔中碎屑、粉末清除，暴露混凝土新茬。将配置指示感应液（酚酞试剂）喷洒于孔壁内。酚酞试剂包含酚酞、75% 酒精、水按一定比例混合配置。待酚酞指示剂显色后，用测深卡尺精确测量变色交界处的深度，并做好记录。混凝土碳化深度大于构件保护层厚度，则须对混凝土保护层采取密封等工程措施。

3.4 混凝土强度检测

对于混凝土强度，将综合采用回弹法、超声－回弹法和钻芯法进行检测。

（1）检测部位

混凝土强度，将主要对结构主要受力混凝土部件进行检测，如加劲梁的顶板、主墩等。

（2）检测方法与步骤

回弹法是采用回弹值作为强度相关指标来推算混凝土强度的一种方法。

使用回弹仪时应注意以下几点：

①操作中注意仪器的轴线应始终垂直于混凝土的表面。

②施压时应注意切忌用力过猛冲击，并始终保持仪器中轴线与测面垂直和不晃动。

③避免连续快速操作，这样会影响试验的准确性。

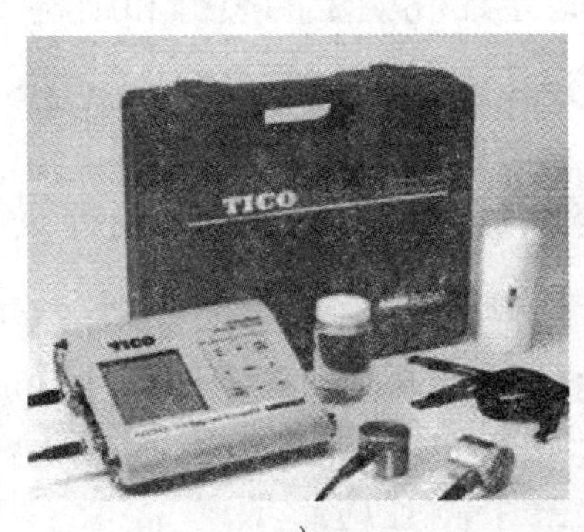

a)

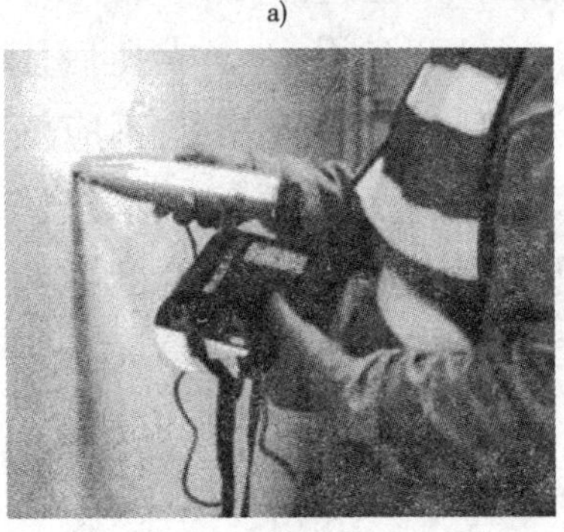

b)

图 3-2　超声回弹仪

④当使用带数据自动记录的数显回弹仪时，拔出回弹仪与数据记录仪的连线时，不要拉导线，只能捏紧插头拔出。

⑤数据记录仪具有存储功能，数据供分析用，试验时应将相关信息记录在纸质文件上。

⑥每次试验前应将回弹仪在标准钢砧上率定（率定值 80 ±2），以检查回弹仪读数是否正常。

超声回弹法测试，将主要参照《回弹法检测混凝土抗压强度技术规程》（JGJ/T 23—2001）执行。

超声回弹仪，如图 3-2 所示。

（3）评定标准

计算测区平均回弹值，应从该测区的 16 个回弹值中剔除 3 个最大值和最小值，余下的10个回弹值应按规范公式计算。非水平方向检测混凝土浇筑侧面时，应按规范公式修正：混凝土强度换算值，可根据平均回弹值及平均碳化深度值查表得出，修正后推定混凝土实测强度。

3.5 混凝土裂缝宽度、深度检测

采用裂缝测宽仪、裂缝测深仪，进行裂缝宽度、深度的检测。裂缝宽度的检测精度应达0.005mm；裂缝深度的检测精度达5mm或小于10%。

3.6 钢筋保护层厚度检测

（1）检测部位

钢筋保护层厚度检测，同混凝土强度检测。

（2）检测方法与步骤

通过钢筋混凝土保护层厚度测定仪（图3-3）测定混凝土保护层厚度。测试前首先对有关图纸资料进行了解，以确定钢筋的种类和直径。

图3-3 钢筋混凝土保护层厚度测定仪

进行保护层厚度测读前，先在测区内确定钢筋的位置与走向。其做法如下：将保护层测试仪传感器在构件表面平行移动，当仪器显示值最小时，传感器正方即是所测钢筋的位置；找到钢筋位置后，将传感器在原处左右转动一定角度，仪器显示最小值时传感器长轴线的方向即为钢筋的走向。

保护层厚度的测读：将传感器置于钢筋所在位置正上方，并左右稍稍移动，读取仪器显示最小值即为该处保护层厚度。

由于实际测量时钢筋直径、材质、布筋情况和混凝土性质往往都是未知的，在现场检测时可以采用标准垫块对保护层厚度进行综合修正。

(3) 评定标准

钢筋混凝土保护层厚度对结构钢筋耐久性的影响评定标准，如表3-6所示。

保护层厚度对结构钢筋耐久性的影响评定标准 表3-6

评定标度	D_{ne}/D_{nd}	对结构钢筋耐久性的影响
1	>0.95	影响不显著
2	0.85~0.95	有轻度影响
3	0.70~0.85	有影响
4	0.55~0.70	有较大影响
5	<0.55	钢筋易失去碱性保护，发生锈蚀

3.7 钢筋锈蚀状况检测

(1) 检测部位

钢筋锈蚀状况检测，同混凝土强度检测。

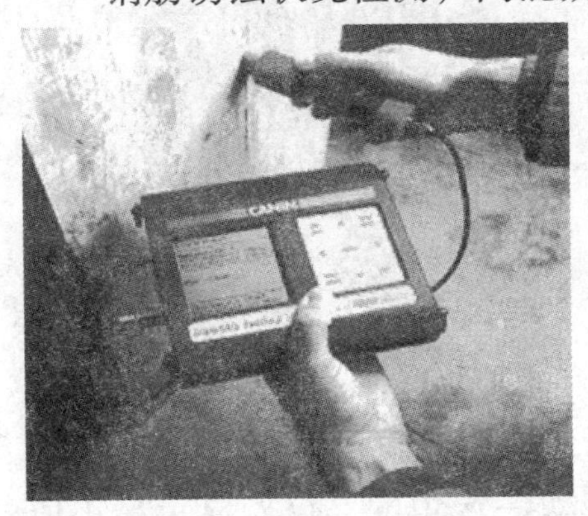

图3-4 钢筋锈蚀测定仪

(2) 检测方法与步骤

钢筋的锈蚀采用钢筋锈蚀测定仪(图3-4) 进行测试，通过电位值评估钢筋锈蚀状态。

检测前，首先配制 $Cu + CuSO_4$ 饱和溶液并对钢筋混凝土结构的表面进行预先润湿。检测时，保持混凝土湿润，但表面不存有自由水。

将钢筋锈蚀测定仪的一端与混凝土表面接触，另一端与钢筋相连，当钢筋露出结构以外时，可以方便地直接连接。否则，需要首先利用钢筋定位仪的无损检测方法确定一根钢筋的位置，然后凿除钢筋保护层部分的混凝土，使钢筋外露，再进行连接。连接时要求打磨钢筋表面，除去锈斑。测试前应该使用电压表检查测试区内任意两根钢筋之间的电阻小于1。

检测时，根据用钢筋定位仪测定的钢筋分布确定测线及测点，测点的间距为10~20cm。用钢筋锈蚀测定仪逐个读取每条测线上各测点的电位值，在电位读数保持稳定、浮动不超过±0.02V时，即可以记录测点电位。

对混凝土碳化深度、钢筋混凝土保护层的检测也可以间接地推定钢筋的锈蚀情况。此外，钢筋锈蚀较严重时，在混凝土表面往往会出现锈斑，可以通过外观检查来初步评价钢筋锈蚀严重与否。

(3) 评定标准

混凝土中钢筋锈蚀电位的评定标准，如表3-7所示。

混凝土中钢筋锈蚀电位的评定标准 表3-7

评定标度值	电位水平（mV）	钢 筋 状 态
1	-200~0	无锈蚀活动性或锈蚀活动性不确定
2	-300~-200	有锈蚀活动性，但锈蚀状态不确定，可能抗蚀
3	-400~-300	有锈蚀活动性，发生锈蚀概率大于90%
4	-500~-400	有锈蚀活动性，严重锈蚀可能性极大
5	<-500	构件存在锈蚀开裂区域

3.8 支座外观检查

对支座进行外观检查，主要包括如下诸方面：

(1) 支座组件是否完好、清洁，有无断裂、错位、脱空。

(2) 活动支座是否灵活，实际位移量是否正常，固定支座的锚销是否完好。

(3) 支承垫石是否有裂缝；其位置是否准确，受力是否均匀等。

3.9 荷载试验

通过荷载试验的方式，了解引桥的应力及挠度；通过静载试验，判别结构在受到不同静荷载作用时的静态响应是否在设计容许值范围内，是否和成桥荷载试验数据相吻合，将成桥工况下的有限元模型进行刚度、边界条件、实际自重等的修正，计算出理论值，再跟传感器得到的数据进行近似工况下的比较，检验桥梁主体结构的受力状况及桥梁承载能力是否符合设计要求，评估大桥的安全性能。荷载试验应委托专业单位测试。

（1）试验工况：中跨跨中最大正弯矩工况；中跨支点负弯矩工况；剪力工况；边跨最大正弯矩工况。

（2）加载方式：试验汽车加载。

（3）荷载效率：荷载效率在 0.8 ~ 1.05 之间，一般情况下不小于 0.95。

（4）测点布置：根据《大跨径混凝土桥梁的试验方法》进行布设。

（5）试验设备：应变片或应变计；应变采集仪；精密水准仪或全站仪等。

（6）试验周期：5 ~ 8 年进行一次；或根据前三次试验结果再确定试验周期。

（7）提供数据：加载工况、测点布置、轮位布置、效率系数等；各工况分级加载下应变及挠度的理论值、实测值；承载能力评估结论等。

第四篇 应 急 篇

1 应急保障体系

1.1 应急处置领导小组

成立突发事件应急处置领导小组，负责果子沟大桥引桥整个设施的安全、保卫、综治、消防、抗风、设备紧急故障的突发事件处置。建立应急技术咨询小组，担负事发现场的研究处置应急方案，提出相应对策和意见。

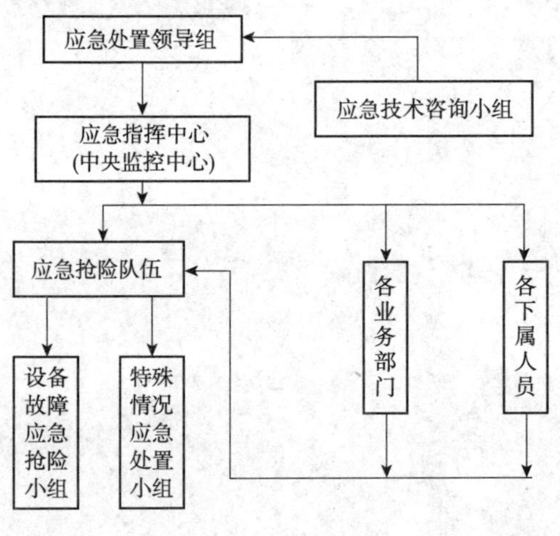

图 4-1 内部应急处置组织机构关系

成立 24h 现场待命的应急抢险队伍，确保各类突发事件能得到快速处理，维护设施、设备的安全运行和设施、设备的安全。

内部应急处置组织机构关系，如图 4-1 所示。

应急处置领导小组的主要职责：直接负责对果子沟大桥引桥管辖区域内发生的所有突发事件的处置指挥工作。

其处置指挥工作内容，主要包括：

（1）针对重、特大交通事故、恶劣气候环境引发的各类事故、危险化学品事故、防恐怖突发事件、重要设施重大故障抢险等制定现场的具体救援方案，明确救援人员职责分工，指挥、协调现场应急救援工作。

（2）做出救援决策；组织划定事故现场的范围及其他强制性措施。

（3）保护事故现场，协调事故现场有关工作；必要时，向上级请示，请求启动上一级应急救援预案。

（4）检查督促、做好抢险救援、信息上报、善后处理；制订和完善各类应急救援预案；开展应急处置技能的培训和演练。

建立社会联动机制，确保应急处置快速有效。从确保大桥的安全出发，应建立包括政府、公安、消防、救护、大型企业共同参与的应急处置社会联动机制，定期探讨、分析、评估养护运行管理状态和应急处置的成效，妥善协调与果子沟大桥引桥管理运营和养护维修有关的各个方面的关系，保证果子沟大桥引桥的顺利养护。

1.2 应急抢险队伍

应急抢险队伍分为两个小组，即：设施、设备故障应急抢险小组和特殊情况应急抢险小组。应急抢险队伍应实行24h待命制。

设施、设备故障应急抢险小组——由工程部负责人、技术人员、机、电、土、路政、巡检、设备维护技术人员、地面值勤人员等成员组成。

主要职责：负责设施、设备故障（含其他应急情况对设施、设备的破坏损坏）紧急情况处理预案等的实施处置。平时轮班24h待命。在应急预案启动后，具体实施现场设施、设备故障抢险工作，听从指挥中心统一安排。

特殊情况应急处置小组——由公路管理分局、值班长等成员组成。

主要负责各类交通事故、特殊天气（恶劣气候）、特殊事件（意外火灾、化学危险品事故；桥梁重要设施、设备意外发生的重大故障、恐怖、刑事犯罪分子的破坏等）的应急处置。

1.3 应急技术咨询小组

应急技术咨询小组主要由有关技术人员、公路管理局的总工程师等成员组成。

其主要职责是：主要针对事发现场的状况，提出相应对策和意见等。必要时，赶赴现场协助指挥中心对应急救援工作的指挥、决策提供依据和方案，对事故危害程度进行预测，对现场应急救援工作进行技术指导。

1.4 突发事件处置的内、外部保障

1.4.1 突发事件处置的内部保障

（1）人员力量保障

①建立内部应急管理组织机构，担任指挥的人员应当有组织、协调应急处置的能力，熟悉应急预案。

②参加应急处置的人员必须是专业人员，有一定的专业技能，并需配备专业设施设备。

③应急抢险队伍、巡逻、巡检、路政人员必须实行24h轮班工作制。并确保通信工具畅通无阻。

④配备应急管理力量：由公路管理局管理干部组成，担负接受上级主管部门下达的对事故的处理意见，并进行协调及信息交换。

（2）设备保障

在日常的养护管理中，必须配置必要的各种车辆设备，保持24h处于待命状态，以便应急处理突发紧急事件。根据果子沟大桥引桥的特殊情况配置足够的汽车吊、巡逻车、客（货）车、洒水车、清扫车、综合抢险车、撒布机等车辆设备。

（3）物资保障

按照应急预案的有关规定，平时应配备充足的应急救援装备、物资、药品、应急车辆、工具材料和通信设备等；配备必要的安全、消防设备、器材、人员防护装备等。同时，还应配备如防毒面具、生石灰等碱性液体、黄沙、木屑、融雪剂、草垫、橡胶套鞋、警示架、红白带、警示灯、防暴照明灯、警棍等物资材料，并备有清单。平时，应确保这些物资材料保持良好状态。

应急车辆的停放地点，物资、材料的堆放点，工具存放的仓库等都要有明确的位置，以便应急处置时，可按照指挥中心要求及时到位、

投入使用。

（4）信息保障

①掌握周边环境和气象信息，关注气象站、地震站发布的降温、降雪、大雾、强风、暴雨等天气和地震警报，主动、及时记录气象预报，早做准备，防患于未然。

②接收交通监控过程中的各类交通信息，及时了解发生的各类事故，做到快速到位、应急处置。

③指挥中心与行业的各管理单位建立信息传递网络，以电话、传真为联系，定时传递各项预案的实施情况。事件的处置中要注意信息的互动，保持信息的连贯性。

④掌握设施设备的维修养护、状况监测等各类信息。

（5）通信保障

①构成一个较全面的应急预案通信网络。配备24h畅通无阻的应急通信联络系统。

②编制《应急通信联络手册》，保证应急预案实施中通信的畅通和及时。并随时检查、调整，保证其正确性。《应急通信联络手册》分内、外两部分。

a. 内部：将应急领导小组、指挥中心、技术咨询组、抢险队伍等每个成员及相关人员的家庭地址、家庭电话、手机等收录在册。

b. 外部：与行业区域内的有关的单位建立长效突发事件处置协调网，如所在区域的安全管理部门、环保、公安、路政、武警、医院、定点化学救治医院、消防、地震、气象、设备安装、公路建设等，建立单位和主要联系人员的电话、服务电话等通信录，以备随时调用。

1.4.2 突发事件处置的外部保障

（1）外部联动互助

建立区域的事故处理应急网及通信联络方式。事故处理应急网应包括区域内的安全管理部门、环保、公安、武警、卫生、消防、地震、气象、建设等单位。一旦事故发生，可迅速联动。

（2）政府救援

必要时请该区域政府协调应急救援力量。在应急处置中，气象、交通、新闻、消防、医疗救护等社会公共部门应根据突发事件情况的需要，各司其职，行使保障职能，共同采取（恶劣天气）应对措施。

（3）专家咨询

专家咨询小组——建立外部专家咨询小组人员名单。聘请熟悉相关专业的（如设施设备结构、化学危险品等）外部专业人员。主要帮助紧急事件处置领导小组解决处置过程中自身无法解决的技术、专业协调等问题，对事发现场的研究处置提出相应对策和意见等。

1.5 应急预案的培训与演练

1.5.1 概述

（1）应急预案的必要性

应急预案是在紧急、突发状况下的行动计划，要求所有相关人员清楚岗位职责与任务，清楚信息沟通与联系，掌握救援知识，掌握救援资源与紧急处置原则与方法。培训与演练，是应急救援不可缺少的环节，没有认真的培训与演练，就不可能有成功的应急救援行动。

（2）应急预案的基本任务

通过培训和演练，锻炼和提高应急救援队伍在突发事故状况下的快速反应与救援能力，使之能在最短时间内查清事故源，控制事故发展，最大限度降低事故危害，减少事故损失。

（3）应急预案的指导思想

应急预案的培训和演练，坚持培、练为用，培、练结合；务求严格、有效，重点突出；重基础培训，重日常培、练，不断完善、提高的原则。

1.5.2 应急预案的培训

应急预案培训就是使所有相关人员了解并掌握应急预案的全部内容及相关知识，达到熟练掌握预案内容及要求，明确职责和履行职责的具体程序。

（1）培训的目标要求

清楚使命、职责、任务、资源、联系。

①使命：实施应急救援的总体目标。

②职责：岗位的工作内容及责任。

③资源：实现任务的方法和资源。

④联系：在应急预案实施中，相互间信息的沟通与传递。

（2）培训的方式

应急预案培训方式有自学、讲座、模拟、练习四种。

（3）培训的内容

基本培训是指对参与应急行动的所有相关人员进行的最低程度的培训。要求应急救援人员了解和掌握识别基本的应急救援基本程序、各项措施，应急报警行动，应急人员职责、信息发布与沟通、组织、救援与现场恢复等。

基本应急预案培训提供了一般情况应急预案培训，但在实际救援过程中，救援人员可能处于化学伤害、物理伤害、放射性伤害等特殊危险之中，掌握一般的应急救援技术是远远不能保护这些人员安全的。特殊培训主要是针对这种特殊状态下的事故应急救援培训，主要有接触危险化学物品受限空间营救、沸腾液体扩展蒸汽爆炸等专业培训。

1.5.3 应急预案的培训和演练

应急预案培训和演练是检验培训效果、测试设备和保证系统的应急预案和程序有效的最佳方法。

其目的是使应急救援人员能进入“实战状态”，熟悉各类应急预案程序和操作；明确自身的职责，提高应急救援行动协调与实战水平；在培、练中检验和评估应急预案的有效性、充分性，以不断完善应急救援预案。

（1）应急预案的培训

基础培训一般指应急队伍的队列、体能、防护装备、通信设备的使用培训，目的是培训应急抢险队伍的良好战斗意志、作用及个人防护、通信设备的使用技能。

专项培训是针对一定的专项应急抢险任务进行的培训，是提高应急队伍实战水平的关键，包括：专业知识、事故缘由、现场技术等，目的是使应急队伍具备相应的抢险专业技术，提高救援水平。

战术培训主要指：应急队伍的综合培训和各专项技术的综合运用。通过培训使各级指挥人员和抢险人员具备良好的组织指挥能力和实际应变能力。

（2）应急预案的演练

应急预案演练是一种以假设为前提的应急抢险预案“实战”操作，是检验、评价和保持应急抢险能力的重要手段。可在事故真正发生前暴露预案和程序的缺陷；发现应急资源、设备、人力方面存在的问题。

其作用是提高应急人员应急救援能力和水平；进一步明确各自的岗位与职责；改善各应急部门、机构之间的协调能力；增强应对突发重大事故的认识和社会防范意识。

公路管理局每年会组织各类应急预案的培训和演练，以提高现场应急抢险和救援的综合素质，最大限度降低事故危害，减少损失，保证设施的安全畅通运行。

2 应急管养对策

在结构的管理养护过程中，分为风险事态发生后的应急养护和日常养护。

(1) 应急养护

在桥墩管养过程中，在地震烈度不大的情况下震后检查重点是关注墩底关键截面；在7度及7度以上的地震发生后，需对各墩特别是墩底关键截面进行详细检查。

(2) 日常养护

在桥墩养护过程中，需重点观测各桥墩的墩底部位。同时定期检查梁体混凝土表面是否出现裂缝、渗水、表面风化剥落、露筋、空洞等现象。

3 各类应急预案

3.1 抗强风、暴雨、雷击应急预案

3.1.1 目的

每年夏季突发性暴雨、强风随时可能出现，为确保果子沟大桥引桥安全和车辆的安全通行，根据高速公路设施的养护管理经验，结合果子沟大桥引桥的情况特制定本应急预案。

3.1.2 组织机构及信息网络

(1) 领导小组由公路管理局领导成员组成，各有关部门责任人参加。

(2) 以养护管理部门为主体结合日常维修、抢修工作成员组成工作小组及抢险队伍。

(3) 以养护管理部门有关技工为主体组成抢险队伍。

(4) 制定抢险队伍的通信联络网络，落实地址、电话以便及时传递信息。

(5) 在领导小组领导下，建立以监控中心为核心的内部信息网络。

(6) 工作分工：

①公路管理局领导为总指挥。

②值班长具体负责现场的指挥和协调，负责现场指令的发出和调度。

③当班人员在收到气象台发出的强风、暴雨的黄色及黄色以上灾害预警信号后，及时汇报。

④巡检员在接到强风、暴雨警报后，立即检查桥梁设施和电气运行情况。

⑤抢险支援小组根据指令完成抢险任务。

3.1.3 预防准备程序

（1）对地面管辖范围内的排水口全面清除淤泥，加强检查力度，一旦发现问题及时组织力量清理。

（2）对设施内各漏水点作详细的普查，特别对设施内的原渗漏点和影响安全用电的位置重点检查，发现问题，及时采取措施。

（3）在雷雨集中的季节前，对设施范围内的避雷装置和接地装置进行检测。对供电系统设备做好继电保护和电气试验，确保安全用电。在强风季节来临前对设施受风设施进行普查，发现问题应及时解决。

（4）做好物资准备，储备应急用的物资。

3.1.4 果子沟大桥引桥实施程序

按照国家气象局气象警报分为蓝色、黄色、橙色、红色四种（见图4-2），类别主要分为雾、风、暴雨、冰雹、雪灾、道路结冰五种。根据本地区的气象环境，发生得比较多的是雾、风、暴雨、雪灾、道路结冰。

图4-2　气象警报颜色分类

（1）黄色预警信号

①强风黄色预警信号：陆地平均风力达6级以上，或者阵风8级以上并可能持续。

②暴雨黄色预警信号：6h内降雨量将达50mm以上，或者已达50mm以上且降雨可能持续，或者1h内降雨量将达35mm以上，或者已达35mm以上且降雨可能持续。

③具体安排。

a. 接到指令的养护管理部有关人员到岗。

b. 应急处置领导小组组长确定当班责任人及现场负责人，当班责任人负责总体指挥，向应急处置领导小组组长汇报和联系。

c. 应急中心负责信息收集、过程录像、一般相关通信、传达。防汛抗风应急队伍负责相关具体措施的现场实施。

d. 现场负责人负责现场巡视指挥和协调。

e. 办公室负责做好后勤保障工作。

f. 应急抢险队伍按各自职能到岗就位，采取轮班休息，24h守岗。服从抢险指令，进行抢险工作。

（2）强风橙色、红色预警警报、暴雨橙色、红色预警警报

①强风橙色预警警报：12h内可能或者已经陆地平均风力达10级以上，或者阵风12级以上并可能持续。

②强风红色预警警报：6h内可能或者已经陆地平均风力达12级以上，或者阵风达14级以上并可能持续。

③暴雨橙色预警警报：3h内降雨量将达50mm以上，或者已达50mm以上且降雨可能持续。

④暴雨红色预警警报：3h内降雨量将达100mm以上，或者已达100mm以上且降雨可能持续，或者1h内降雨量将达60mm以上，或者已达60mm以上且降雨可能持续。

⑤具体安排。

a. 应急处置领导小组成员及抢险人员到岗待命。24h守岗，采取

轮班休息，服从抢险指令，进行抢险工作。

b. 应急处置领导小组组长负责总体指挥，按情况作出具体布置，并负责向上级主要相关方的汇报和联系。

c. 副组长负责现场指挥，确定各岗位的具体当班责任人，同时落实信息收集、过程录像等工作。

d. 质安检测部、养护管理部负责人按要求做好本部门的相关具体工作。

e. 办公室做好所有后勤保障工作。

（3）强风、暴雨结束后的检查总结

①强风、暴雨过后，应急处置领导小组组织专门力量对设施进行一次全面检查，及时修复损坏的各类设施，确保大桥正常运行。

②应急处置领导小组及时向上级汇报台风暴雨期间的整体实施工作情况和设施的损坏情况，并作出书面报告。

（4）恶劣气候下的通行控制

一旦遇到恶劣气候，为了体现人性化服务，充分发挥大桥的功能，应尽可能保证陆上交通，同时须保证车辆的通行安全。根据设计文件、行业规范及经验，以下列原则进行恶劣气候的通行控制：

①强风：

a. 风速大于21m/s、小于23m/s时，单向三车道改为二车道；

b. 风速大于23m/s、小于25m/s时，单向三车道改为一车道；

c. 风速等于25m/s时，暂停通行。

②暴雨：发生暴雨时，一般都伴随着大风，所以要结合风速来考虑如下两种情况：

第一种情况，小时降雨量达到16mm，且

a. 风速大于19m/s、小于21m/s时，限速30km/h；

b. 风速大于21m/s、小于23m/s时，限速20km/h；

c. 风速大于23m/s、小于24m/s时，限速10km/h；

d. 风速大于24m/s、暂停通行。

第二种情况，小时降雨量达到30mm，且

a. 风速大于19m/s、小于21m/s时，限速10km/h；

b. 风速大于21m/s、小于23m/s时，限速5km/h；

c. 风速大于23m/s、暂停通行。

3.2 大雾天交通应急预案

3.2.1 目的

为了确保大雾天气车辆顺利地通过果子沟大桥引桥，特制定本预案。

3.2.2 职责和分工

公路管理局成立果子沟大桥引桥大雾天气指挥小组、抢险救援小组。

（1）指挥小组负责指挥和现场处理。

（2）值班长具体负责现场的指挥和协调；负责现场指令的发出和调度。

（3）当班人员应时刻注意天气变化，及时向值班长汇报。

（4）巡检人员负责现场机动车的疏导工作。

（5）抢险支援小组根据指令完成抢险任务。

3.2.3 迷雾天气紧急处置

（1）设施紧急处置

①在岗人员得到气象预测有迷雾天出现时，立即通知值班长；值班长将信息通报给上级，做好应急准备。

②由值班长在监控中心统一指挥，调度各在岗人员；交通监控员应保持向上联系。

③紧急处理完毕后，应立即组织人员对设施设备情况进行巡检，

发现病害和故障，立即组织抢修，确保通行安全。

④将事件和造成的影响情况在24h内报管理局养护部、公路应急指挥中心。

（2）果子沟大桥引桥紧急处置

①一旦出现大雾预报，立即报告果子沟大桥引桥应急处置领导小组，主值班和抢险队伍第一时间到达单位集结待命。

②值班室应立即通知养护管理科和大桥检测部，在大雾天气期间停止大桥上的一切养护作业和检测工作。

③果子沟大桥引桥监控中心应显示“限速行驶”的提示标志。

④在大雾天气期间，在自身安全的条件下，养护管理部要加强大桥的巡视力度并增加巡视的频率，密切注意大桥上的车辆通行情况。

⑤当大雾笼罩大桥时，积极配合相关部门做好车辆疏导工作。

⑥当大雾严重笼罩大桥时，积极配合运营管理部门用封道车做好大桥的封桥工作。

⑦接到大雾黄色预警，抢险队伍、车辆待命，同时做好相应应急物资准备。

a. 在工作日上班期间，值班人员接到大桥监控中心“大雾黄色预警”应立即报告养护部领导，启动“大雾黄色预警”措施。

b. 养护科领导会同各部门负责人，立即通报在桥面上作业的养护人员，做好撤离工作；撤离过程中必须密切注意过往的车辆，注意行驶安全，同时确保信息畅通。

c. 养护部当即安排落实抢险人员和车辆设备的准备工作，并报告分管领导。

⑧接到大雾橙色、红色预警，应急物资到位，抢险队伍、二辆抢险车辆第一时间到达单位集结待命。

a. 值班人员接到大桥监控中心“大雾橙色预警”，应立启动“橙色预警措施”。

b. 养护科领导会同各部门负责人，立即通报在桥面上作业的养护人员，做好撤离工作；撤离过程中必须密切注意过往的车辆，注意行驶安全，同时确保信息畅通。

c. 养护部当即安排落实抢险人员和车辆设备的准备工作，并报告分管领导。抢险人员立即赶赴养护基地或办公楼应急待命。

⑨要听从监控中心的命令。

⑩在未解除警报之前各级负责人必须确保信息畅通，服从统一指挥。

⑪应急抢险队伍，必须统一听从应急处置领导小组的指挥，配合果子沟大桥引桥监控中心抢险调配。

⑫“大雾黄色预警”解除后，方可恢复桥面保洁养护检测等作业。

3.3 冰雪天交通应急预案

3.3.1 目的

果子沟大桥引桥为钢筋混凝土桥，冬季应急重点区域比较多。果子沟大桥引桥作为一条新路，往来车辆车速较快，容易诱发恶性交通事故。

为确保公路设施、设备在严寒或降雪天气能保持正常工作状态和过往车辆的安全通行，特编制相应协调方案。

3.3.2 组织机构

（1）组织机构

果子沟大桥引桥冰雪天应急组织机构，如图4-3所示。

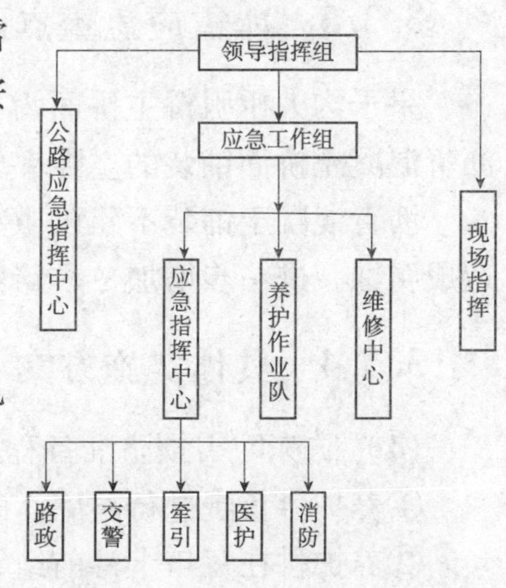

图4-3 冰雪天气应急组织机构

（2）各部门职责

各部门冰雪天应急工作职责如表4-1所示。

各部门冰雪天应急工作职责 表4-1

方式	部门	工作职责
部署	路政	增加巡视频率
		用车载广播提醒驾驶人员注意安全
		限制车速、增大车距
		严禁随便停车
	养护部门	采取相应措施确保路面情况良好，尤其是重点防范部位
		异常路段区域内每隔1km设立警示牌或临时限速标志
		故障车辆应及时清障
联系	交警	维持正常的交通秩序
	医护	伤员应及时救护
	消防	火警应及时灭火
发布	可变情报板	提示驾驶员注意异常路段情况，谨慎驾驶
	可变限速板	显示限速
	收费站	入口处设立警示牌，提示驾驶员异常情况，限速驾驶
	应急指挥中心	向交通信息台、交通信息网站通报路况信息、道路使用情况及趋势

3.3.3 冰雪应急重点区域

果子沟大桥引桥主桥面为10cm厚沥青混凝土铺装，桥面有纵坡；沥青混凝土桥面铺装的空隙率较小，桥面容易积冰、积雪不易化开。

沥青混凝土铺装不建议撒布氯化钠化雪，否则会对桥梁附属结构造成腐蚀，进一步增加冬季路面结冰处置的难度。

3.3.4 具体实施方案

（1）防冻防雪预防准备程序

①养护科负责进行防冻、防雪的物资准备和查点工作。

②养护科在每年十月前组织完成冬季前应急设施、设备的普查。

③交通监控员收到严重冰冻或雪灾、道路结冰橙色预警信号后通

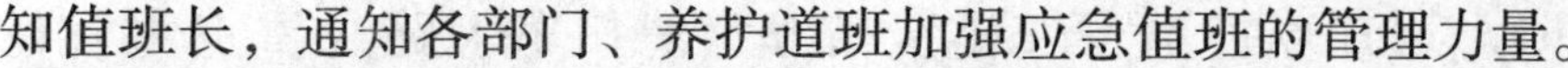

知值班长，通知各部门、养护道班加强应急值班的管理力量。

④分别安排车辆管理责任人，对车辆进行防冻预防处理，如放尽水箱水，更换燃油，添加防冻液等。

⑤值班长通知设施冲洗工作的负责人停止夜间各类设施冲洗工作；并向牵引人员通报信息，要求大型车辆轮胎使用柔性防滑链。

（2）防冻防雪应急处理

①对冰害的易发区域，应重点防范。当发生路面积冰预兆时，值班长应组织养护道班用清扫车对路面进行不间断的积雪清扫工作，作为防结冰的应急处理。

②巡检员发现路面结冰、积雪，影响车辆正常通行，应立即上报监控中心，保证现场路况信息的及时传递。

③发现上述情况，值班长作为第一责任人，调度当班有关人员进行现场处理，同时报告监控中心。监控中心负责向应急指挥领导小组报告，启动防冻防雪预案。

④交通监控员应调整广播、情报板内容，向过往设施的驾驶员传递设施路面结冰、积雪信息，并将道口的电子限速板减为40km/h，提醒驾驶员慢速行驶。收费道口收费员在车辆进站道口时也将友情提示“路面结冰、请您减速慢行”。

⑤对于道路因积水而积冰的路段，以及路面大面积积雪、积冰现象的出现，可临时进行车道的部分封道，利用有限的人力、设备资源，保证部分道路的正常通行，有效降低来往车辆的车速，防止交通恶性事故发生，同时向公路应急指挥中心报告。

（3）果子沟大桥引桥防冻防雪应急处理

①重点监视大桥路面情况。巡检人员要加强巡视，根据气象、路面状况及时采取防冻措施。监控中心根据对该区域交通影响程度，对相关信息板、限速板发布事故信息，提示过往车辆注意行车安全。在大桥进口处情报板上发出“路面结冰、车辆缓行、增大车距”的信息。

②冰雪天时，通过可变情报板提醒来往车辆注意安全控制车速

(<40km/h)。通知养护道班安排铲雪车、清扫车上路（重点主桥桥面）进行桥面的不间断清扫。

③对于大桥结冰处置方法，考虑到果子沟大桥引桥钢桥面的特殊性，原则上不采用氯化钠融雪，以免容易造成对钢结构的腐蚀，直接影响大桥的耐久性。

④当积雪量达到一定规模，无法清除积雪时，可临时进行车道的部分封道（可考虑封闭 2 条车道），利用有限的人力、设备资源，保证部分车道的正常通行（不积雪），有效降低来往车辆的车速，防止交通恶性事故发生，保证大桥的畅通。

⑤考虑到大桥的部分封道可能延续 24h 的特殊情况，除通过监控中心限速牌、情报板发布封道信息外，将采用可编辑的移动 LED 屏进行三级封道预告，保证夜间大桥封道的安全。

(4) 紧急处置后的善后工作

①提出应急物资补缺申请，养护管理科负责落实。

②路面结冰、积雪清除后，组织草包回收等路面清理工作。

③结冰、积雪影响车辆通行时，除立即组织现场抢险，必要时向管理局求救，予以人力和物力支援。

④紧急处理完毕后，应立即组织人员对设施设备情况进行巡检，发现病害和故障，立即组织抢修，确保通行安全。

⑤事件和造成的影响情况在 24h 内报高速公路应急指挥中心。

3.3.5 应急物资配备与增补

对应急仓库的备品备件数量每月进行定期检查，且要求做到及时补缺。在此次冬季冰雪天气来临前，添置必要的 LED 交通设施、安全路锥以及爆闪灯等，确保组织、人员、物资三落实。

3.4 火灾应急预案

火灾对大桥的运行具有很大的威胁，果子沟大桥引桥，无中间出口，特别是桥面疏散条件困难，一旦发生较大的火灾，处理不及时、不妥当，会导致大桥交通瘫痪，甚至引发成批车辆着火。对养护管理单位来讲，要保持高度警惕和防火意识，以及增强灾害的处置能力。为此制定本应急预案如下：

3.4.1 总体要求

（1）发生火灾，立即报“110”、“119”等。公安、消防人员赶到火灾现场后，由公安、消防专业人员组织抢险。

（2）公司应急中心接到火灾报告，值班长应立即报告应急处置领导小组领导并安排应急抢险队伍赶赴火灾现场。

（3）应急抢险队伍赶到现场后，配合运行部门维护交通秩序，使用车载、大桥现场设置的灭火器材，先行进行救火。

（4）抢险人员在配合采取灭火措施的同时，配合交警部门疏散车辆，维护现场秩序，控制火势发展；火势较大则请牵引车将事故车辆强行牵出主桥面；若是车辆内部起火，则应立即疏散车上人员，用灭火机对油箱降温，防止油箱爆炸。

（5）火灾现场的抢险工作，应绝对听从消防部门和公安交警的现场指挥，切忌盲目行动，如翻动起火货物或车辆内部发动机罩盖、单独进入等，以免扩大火势或造成不必要的伤亡。

（6）火灾事故抢险完毕后，抢险队伍清理现场，主值班做好事故、事件的情况记录，由应急处置领导小组组长上报。

（7）事件处理过后，对使用过的消防设备立即给予增补整理，保证消防设备、器材完好齐全。

3.4.2 具体措施

（1）车辆内部起火

①在确保自身安全的情况下，在消防车尚未到达前，用巡视车辆上的灭火设备灭火。如火势较大，则动用大桥消防设施，对正在燃烧或有燃烧可能的车辆进行喷射。

②严禁翻动起火车辆的发动机罩盖，以免扩大火势和伤人。切忌进入起火车辆的车厢内。

③公安、消防人员赶到火灾现场后，由公安、消防专业人员组织抢险。

④巡检员配合交警现场指挥车辆，阻止后续车辆驶入着火区域，为消防车进入失火现场留出通道。

⑤巡检员配合紧急疏散被困人员和车辆，组织和引导滞留的乘客撤离灾害现场。

（2）车辆装载的货物起火

①首先疏散车上人员、抢救伤员。

②在确保自身安全的情况下，在消防车尚未到达的时候，先用自身车辆上的灭火设备灭火，如火势较大，则动用大桥消防设施设备，对正在燃烧或有燃烧、爆炸可能的货物进行喷射，有效地控制火势发展。

③切忌翻动起火货物，以免扩大火势和伤人。

④如遇着火的货物是有毒有害物质，抢险人员则应迅速戴上防毒面具，以防中毒。同时，按照《危险化学品事故应急处置预案》规定实施。

⑤听从消防部门现场指挥，配合公安交警疏导交通。

⑥巡查员现场指挥车辆，阻止后续车辆驶入着火区域。为消防车进入失火现场实施扑救留出通道，同时，配合紧急疏散被困人员和车辆，组织和引导滞留的乘客撤离灾害现场。

3.5 化学危险品泄漏、倾翻应急预案

3.5.1 总则

（1）编制目的

实现对危险品车辆通行果子沟大桥引桥的有序管理，在必要时及时做好防护应急准备，控制事态发展，将损失与影响降低到最低程度。

（2）适用范围

本管理预案适用于对通过果子沟大桥引桥所辖管理区域内的运输危险货物的车辆的通行管理。

（3）编制依据

依据国家及地方相关法律法规编制本预案。

（4）职责分工

①养护管理单位在接到危险品车辆通过大桥的通报或报告后，对其进行现场监护，同时做好必要的防护及应急响应准备。

②承接运营管理的单位具体实施危险品车辆通过大桥的现场监护及应急处置工作，协助做好大桥清障和交通维护工作。

③主管审批部门在批准危险品车辆通过大桥时，同时应当通报大桥管理单位。

④相关知情单位和部门，应提前将危险品车辆通过大桥的情况告知大桥管理单位。

⑤危险品承运人在危险品车辆通过大桥前，必须向大桥管理单位报告。

⑥公安部门负责职权范围内的运输危险货物的车辆通过大桥的审批，同时负责交通维护工作。

⑦养护管理单位适时择机配合公安部门对瞒报、漏报擅自进入大桥道路所辖管理区域的运输危险品车辆进行专项整治。

3.5.2 预警预防机制

监测预报：

（1）建立与公安部门等主管审批部门的协作关系，提请该部门在批准危险品车辆通行大桥时及时告知。

（2）海关、出入境检验检疫局、自治区政府相关机构、相关公司等单位和部门提前将危险品车辆通过大桥的情况告知大桥管理单位。

（3）巡检员在日常工作中发现装有危险品车辆在桥上行驶即可用

车载话筒告知驾驶员不得变道和超速。

3.5.3 应急处置

一旦危险品车辆桥上通行时发生异常，即刻按下列处置：

（1）发现危险品车辆在桥上情况异常。

（2）大桥进入应急处置状态。

（3）监控中心设为指挥中心，发出应急处置指令。

（4）设置临时观察点：

①向事发点上风向行驶约200m处设置最高前沿观察点。

②在事发点上风口设置交通警戒线。

③利用望远镜观察情况，与监控中心保持信息联络，及时报告事态变化情况。

④值班长到达观察点，组织、指挥车辆向一侧停靠，让出一条救援通道和紧急停车道，供救援车辆使用。

⑤尽早判明危险品类别、品名。

（5）指挥中心如确认为危险品、剧毒品泄漏，立即报公安部门。交警到现场后，巡检配合交警工作，如需要，建立第二道警戒线。

（6）封闭大桥或封锁道路

发生情况，在事发处附近设置路障，封锁道路，或全桥封闭。

（7）由应急处置领导小组领导现场污染物处置。必要时申请在现场安全区域内设置洗消点，负责对出入危害区域的有关人员、车辆和物品进行洗消并检测。并及时联系应急抢险队伍，准备好洗消车、防毒面罩、橡胶套鞋等赶赴现场待命。

（8）应急抢险队伍到达现场后，必须听从运行部门指挥。

（9）在消防等有关部门的指导下，一部分抢险人员可用冲水设备进行冲洗和稀释有毒气体或液体；另一部分抢险人员在交警的指挥下，配合实施交通措施，以确保驾乘人员或作业人员的安全疏散。

（10）根据消防等有关部门的指挥，应急事件处理完毕后，抢险队伍必须加紧现场清理，对含有危险品的黄沙、物品等必须用耐腐蚀容器装载，交有关部门统一处理，严禁乱抛乱弃，造成环境污染。

(11) 应急中心主值班要认真、准确、全面地做好事故、事件处理的情况记录。记录车主、车牌、驾驶员姓名和事件经过。对事故引起的设施损坏，主值班应配合运行部门，对肇事者进行处理或登记。

(12) 现场危险品、剧毒品处置一般由专业队伍负责。

值班长向应急领导小组报告现场情况，由应急处置领导小组向上级主管部门报告相关事宜。经应急处置领导小组批准，监控中心逐级减除预警信息，转入常态管理。

3.6 反恐怖防范工作实施方案

为切实加强果子沟大桥引桥反恐怖防范工作，提高应对恐怖袭击突发事件的能力，特制订反恐防范工作实施方案。

3.6.1 工作目标

为了进一步加强果子沟大桥引桥反恐怖防范工作，提升反恐应急处置能力，确保大桥各项设施及通行环境的安全，维护社会稳定和安全提供有力保障。

3.6.2 组织领导

成立反恐怖工作领导小组，下设指挥工作小组、应急抢险处置小组及巡视、监控等专项工作小组，明确果子沟大桥引桥管控中心为本单位反恐怖指挥中心。

3.6.3 工作机制

果子沟大桥引桥反恐防范工作重点在于加强五个机制建设：

(1) 安全管理制度规范化工作机制。建立完善果子沟大桥引桥的值班制度、巡查制度、外来人员登记制度和大桥重点部位的防范值守制度等。

(2) 突发事故应急处置机制。制定反恐防范规范性文件，制定交叉巡视和重点区域巡视责任要求，有效实现果子沟大桥引桥管辖区域内突发事故应急处置机制。

(3) 教育培训机制。定期组织职工开展培训工作，重点对大桥反恐防范工作实施方案、处置桥梁隧道运行事故应急预案、果子沟大桥引桥运营岗位反恐防范规定以及管理制度等进行逐条重申与讲解，全面提高员工防控安保工作的重要性和紧迫感。

(4) 督导检查机制。为确保日常运营管理和反恐安保各项工作的有力管理和有效落实，对反恐防范工作执行、落实情况实行督导检查工作制。

(5) 责任追究机制。与员工签订“安保反恐工作任务书”，明确安全防范职责任务和责任追究；同时对内部因疏忽发生的各类事故、事件的责任人进行追究。

3.6.4 具体措施

(1) 常态反恐防范工作

①技防措施。

一是果子沟大桥引桥配有多台监控摄像头，覆盖率100%，24h监控桥面即时情况；二是大桥附属设施和管控中心有紧急报警按钮，监控室报警装置直接与110报警中心联网。上述监控录像设备存盘时间符合反恐防范要求。

②人防措施。

加强反恐防范工作，保证大桥设施巡视、通道排堵保畅等工作有序进行。明确大桥运营巡视情况由运营值班长带队，并实行交叉错时巡视制度；大桥重要部位物防巡视由设施维修中心负责；管控中心由安保人员巡视；值班长负责巡查督导。

每30min对桥面通道进行全方位扫描，发现车辆突发事件、车辆停靠、行人上桥等情况必须立即通知巡视人员赶赴现场进行处置并做好详细记录。

加强设施设备保护巡视工作，落实大桥运营巡视制度，加大对大桥重点部位的巡视力度。夜班巡视工作必须严格执行反恐防范巡视规定，对车辆停靠、行人上桥、车辆抛锚、交通事故等情况进行巡视；对大桥区域发生异常情况及时报告、处置，同时按反恐防恐巡视表的要求做好相应记录。

在加强桥面动态管理中，发动全体员工参与大桥巡视工作。

(2) 非常态反恐防范工作措施

①增派人员巡视值守；

②加强重要部位巡视。

(3) 督导检查

落实反恐防范督导检查三级工作机制。

①根据反恐防范管理要求，结合运营日常管理和反恐安保工作要求采取不同方式对设施设备、反恐安保、岗位人员规范服务、工作质量进行不定期的督查。

②每日进行运营日常工作的督查。督查运营内勤按运营日常管理规定做好相关数据资料的统计、分析、整理、传递工作。日班监控员按反恐安保运营工作要求每天通过监控录像、报表资料，检查核对车辆泊位、突发事故事件处置、停靠车辆、夜间巡视记录等相关信息做好各类信息统计登记工作，发现问题及时督促落实整改并严格按相关规定进行处理，及时将情况向领导汇报。

③对当班人员的工作状况督导检查，及时处置大桥各类突发事故事件等。

3.7 重大交通事故应急预案

3.7.1 总则

(1) 编制目的

为贯彻提高对各类突发道路交通事故的处置能力，最大限度地减少对安全通行的影响，减少人员伤亡和财产损失，维护设施通行秩序，特制定此应急预案。

（2）适用范围

本预案适用于果子沟大桥引桥各类突发交通事故的应急处置。

（3）编制依据

依据《中华人民共和国道路交通安全法》、《中华人民共和国安全生产法》等相关法律法规编制本预案。

（4）交通事故分级

按照果子沟大桥引桥交通事故的严重程度、可控性和影响范围，事件分级一般为：红色等级（Ⅰ级）（特别重大）、橙色等级（Ⅱ级）（重大）、黄色等级（Ⅲ级）（较大）、蓝色等级（Ⅳ级）（一般）及准备级（Ⅴ级）。

①红色等级（Ⅰ级）（特别重大）

a. 导致人员死亡或失踪 30 人以上；

b. 引起交通中断 48h 以上；

c. 通行能力影响到周边设施。

②橙色等级（Ⅱ级）（重大）

a. 导致人员死亡 10 人以上、30 人以下；

b. 重伤 30 人以上；

c. 由造成大桥交通中断，处置、修复时间预计在 24h 以上、48h 以内。

③黄色等级（Ⅲ级）（较大）

a. 导致人员死亡 3 人以上、10 人以下；

b. 重伤 10 人以上、30 人以下；

c. 造成大桥交通中断，处置、修复时间预计在 8h 以上、12h 以内。

④蓝色等级（Ⅳ级）（一般）

a. 导致人员死亡 1 人以上、3 人以下；

b. 重伤3人以上、10人以下；

c. 造成大桥交通中断，处置、修复时间预计在8h以上、12h以内。

⑤预准备级（Ⅴ级）

a. 大小型车辆侧翻事故；

b. 集装箱箱体脱落造成三条车道堵塞；

c. 集装箱箱体坠桥、社会车辆坠桥；

d. 车辆突发火灾事故；

e. 预计交通事故引起单向全部车道阻塞2h以上；

f. 导致人员死亡1人或受伤3人；

g. 三车及三车以上交通事故；

h. 大风、暴雨、大雾等自然灾害造成严重危及大桥车辆通行，以及造成人员伤亡、车辆损坏的。

3.7.2 预警预防机制

监测预报：

（1）监控中心日常利用路面摄像机加强对车辆通行的监测。

（2）巡检员加强对道路不明原因的车辆停留、疏导与管理。

（3）日常建立与公安部门指挥中心的联络、协调机制，做好各类突发道路交通事故监测和通报。

（4）加强对各类交通事故的信息收集整理和分析处理。

3.7.3 应急处置

（1）预准备级（Ⅴ级）处置

①大小型车辆侧翻事故的处置：

a. 监控中心发现情况或接到交通事故报警后，向报警人员问明事故发生地点、有无人员伤亡和车辆损坏等情况，及时通知交警、路政、牵引等人员赶到事故现场，同时立即报告值班长和值班领导，并做好记录。

b. 监控中心与施救现场保持信息畅通。

c. 监控中心根据事故对该区域路段交通的影响程度，在相关信息板上发布事故信息，提示过往车辆注意行车安全。

d. 如有受伤者，立即通知120救护中心，并视现场具体情况通知特种救援车辆、消防队等援助部门。

e. 值班领导发现或接报后及时赶往监控中心。

f. 值班长在确认事故等级后，及时向应急领导小组报告，启动相应等级专案。

g. 巡检员在事故现场采取安全措施，摆放安全标志，配合维护现场交通秩序。

h. 牵引员到达现场后，根据事故车辆的车种、吨位、重量等情况，尽快实施牵引；无法牵引的，启用吊车及大型平板卡车等设备，将阻碍车辆通行的障碍车（物）清除。

i. 对于人工能够清理的倾翻物，巡检车及时到位清理。

j. 无法由人工直接清理的，启用吊车及大型平板卡车等设备清除道路障碍物。

②集装箱箱体脱落造成三条车道堵塞的处置：

a. 监控中心发现情况或接到交通事故报警后，向报警人员问明事故发生地点、有无人员伤亡和车辆损坏等情况，及时通知交警、路政、牵引等人员赶到事故现场，同时立即报告值班长和值班领导，并做好记录。

b. 监控中心与施救现场保持信息畅通。

c. 监控中心根据事故对该区域路段交通的影响程度，在相关信息板上发布事故信息，提示过往车辆注意行车安全。

d. 如有受伤者，立即通知120救护中心，并视现场具体情况通知特种救援车辆、消防队等援助部门。

e. 值班领导发现或接报后及时赶往监控中心。

f. 值班长在确认事故等级后，及时向应急领导小组报告，启动相应等级专案。

g. 巡检员在事故现场采取安全措施，摆放安全标志，配合维护现场交通秩序。

h. 牵引员到达现场后，根据事故车辆的车种、吨位、重量等情况，尽快实施牵引；无法牵引的，启用吊车及大型平板卡车等设备，将阻碍车辆通行的障碍车（物）清除。

i. 牵引员及时清理出一条车道，保证车辆通行。

③集装箱箱体坠桥、车辆坠桥的处置：

a. 监控中心及时报警，报准坠桥事故发生位置。

b. 救由援人员积极配合救助遇险人员。

c. 巡检人员对事故车辆撞坏的桥栏杆及时采取防护措施。如车辆撞击大桥护栏或关键部位，要立即组织进行临时防护。

d. 监控中心随时保持与相关单位的联系。

e. 做好事故处理、勘察工作。如在事故中有设施损失损坏，记录相关情况，进行相应处理。

④预计交通事故引起单向全部车道阻塞 2h 以上的处置：

此种情况的处置，与集装箱箱体脱落造成三条车道堵塞的处置方法相同。

⑤导致人员死亡 1 人或受伤 3 人的处置：

a. 监控中心发现情况或接到交通事故报警后，向报警人员问明事故发生地点、有无人员伤亡和车辆损坏等情况，及时通知交警、路政、牵引等人员赶到事故现场；同时立即报告值班长和值班领导，并做好记录。

b. 监控中心与施救现场保持信息畅通。

c. 监控中心根据事故对该区域路段交通的影响程度，在相关信息板上发布事故信息，提示过往车辆注意行车安全。

d. 立即通知 120 救护中心，并视现场具体情况通知特种救援车辆、消防队等援助部门。

e. 值班领导发现或接报后及时赶往监控中心。

f. 值班长在确认事故等级后，及时向应急领导小组报告，启动相应等级专案。

g. 巡检员在事故现场采取安全措施，摆放安全标志，配合维护现场交通秩序。

h. 牵引员到达现场后，根据事故车辆的车种、吨位、重量等情况，尽快实施牵引；无法牵引的，启用吊车及大型平板卡车等设备，将阻碍车辆通行的障碍车（物）清除。

i. 牵引员及时清理出一条车道，保证车辆通行。

⑥三车及三车以上交通事故的处置：

此种情况的处置，与集装箱箱体脱落造成三条车道堵塞的处置方法相同。

⑦强风、暴雨、大雾、大雪等自然灾害造成严重危及车辆通行，以及造成人员伤亡、车辆损坏的处置：

此种情况的处置，与大小型车辆侧翻事故的处置方法相同。

（2）蓝色等级（Ⅳ级）处置

①监控中心发现情况或接到报警后，须向报警人员问明事故发生的地点，有无人员伤亡和车辆损坏情况等，在第一时间通知交警、巡检、牵引等人员赶到事故现场，并做好记录。

②监控中心接报后，立即报告当班值班长，并报告值班领导。

③监控中心与施救现场保持信息畅通。

④监控中心根据事故对交通影响的程度，及时调整广播、信息板，提醒驾驶员慢速行驶，注意行车安全。

⑤如事故现场有人员受伤，监控中心立即通知120救护中心，并根据具体情况通知消防队，巡检、牵引等人员协助医疗、消防等部门实施伤员抢救、灭火或提供救援车辆服务。

⑥值班领导在事故发生后及时赶赴监控中心。

⑦值班长在确认事故等级后，第一时间向单位应急领导小组报告，

由应急领导小组决定启动相应等级的预案。

⑧巡检员在事故现场采取安全措施，摆放安全标志，配合维护现场交通秩序。

(3) 黄色等级（Ⅲ级）（较大）处置

①与蓝色等级（Ⅳ级）处置方法相同。

②值班领导在第一时间到岗值守。

③应急领导小组成员通信24h保持畅通。

④应急领导小组成员1～2名24h在岗值守。

(4) 橙色等级（Ⅱ级）（重大）处置

①按黄色等级（Ⅲ级）（较大）处置方法进行处置。

②应急领导小组副组长24h在岗值守。

③应急抢险队伍24h待命，听从应急领导小组的指令，随时准备进行抢险作业。

(5) 红色等级（Ⅰ级）（特别重大）处置

①按橙色等级（Ⅱ级）（重大）处置方法进行处置。

②应急领导小组成员到监控中心（此时为应急指挥中心）集中。

3.7.4 应急处置后

经应急领导小组批准，监控中心逐级减除预警信息，转入常态管理。

3.8 超限车辆误入设施应急预案

3.8.1 目的

为了防止超限车辆误入设施，确保设施的安全畅通和设施设备不遭到外界人为破坏，特制订本预案。

3.8.2 防超限车辆误入设施的人员组织及信息网络

(1) 防超限车辆误入设施由总值班长负责，各有关责任人参加。

（2）以养护管理部门为主体结合路政设施管理员组成牵引排堵工作小组。

（3）总值班长根据实际情况负责对本预案进行逐步优化。

（4）通过网络对各种型号的车辆进行车身外型登记，使道口人员在第一时间内通过目视发现超限车辆，尽量减少超限车辆的误入。

（5）各当班中控交通监控员负责对设施内车辆行驶情况的监视。

（6）建立以监控中心为核心的防超限车辆信息网络。

3.8.3 防超限车辆误入设施处理程序

护桥人员发现误入超限车辆立即告知路政管理部门处置。

3.9 人员意外伤亡事故应急预案

果子沟大桥引桥离开城区较远，一旦发生各类人身严重伤害事故，救助困难较大。作为养护单位，要时刻绷紧安全生产这根弦，平时注重培训、提高作业人员事故后的自救能力，一旦发生应急事件，就必须采取合理得当的紧急措施有效地进行处置。为此，特制定如下人身意外伤亡事故应急预案。

3.9.1 目的

明确作业中人身遭遇严重伤害的现场紧急救护程序，准确、快速施救伤员，最大限度地减轻伤者的伤情和痛苦，使伤员尽快获得医疗部门的有效治疗或抢救。

3.9.2 适用范围

本预案适用于果子沟大桥引桥养护管理工作中，作业人员遭受严重伤害（昏迷、大出血、不能自主行动、触电等）的现场紧急救护活动。

3.9.3 处理流程

应急中心主值班接到人员受伤报告，应立即拨打 120 救护电话并安排施救人员赶赴现场抢救，调用救援资源，同时立即向应急处置领导小组领导汇报。

3.9.4 紧急救护原则、程序和要点

（1）紧急救护基本原则是：在现场采取积极措施保护伤员生命，减轻其伤情、减少其痛苦，迅速联系医疗部门救治。

（2）当现场事故对工作人员造成较重伤害（如骨折、较大出血、昏迷等）时，由现场负责人或同伴立即电话报告应急中心，提出现场救护的困难和需求；同时报告120求救。

（3）应急中心接报后立即报应急处置领导小组领导，并详细记录有关情况。同时即组织巡逻车携带急救箱、救护设备及救护人员至伤员现场，针对各类伤害特点和现场条件实施救护。

（4）触电急救。用正确方法使触电者迅速脱离电源，立即就地用心肺复苏法进行抢救，不得停止，坚持到医疗部门医务人员来临。

（5）创伤急救。遭遇高空摔跌、重物打击、机械碾轧等创伤性事故应先抢救，次固定，再搬运。防止其伤情加重。尽快将其送至医院急救。

（6）高空救护。如伤员在高处，应用吊索，正确缚系伤员，放至地面再实施抢救。

（7）中暑急救。将病员迅速转移到阴凉通风处休息，用冷水毛巾敷额、擦浴，给伤员口服盐水。严重者送医院治疗。

（8）如120医疗急救车已到达现场，伤员则应由医疗救护车急送医院；若120救护车尚未到达，则自行急送邻近医院，并由主值班派员陪同，负责与医院联系，办理有关手续。

3.10 全程监控预警及交通排堵保畅处置措施

因事故原因、气候原因或养护维修的需要，可能对果子沟大桥引桥进行单侧实施全封闭，暂停通车。当上述情况处理完成后，对已封

闭区域恢复交通运行。

3.10.1 果子沟大桥引桥的全程监控预警

果子沟大桥引桥作为赛果高速公路改建工程的重要交通节点设施，必须有效保证大桥运行的安全、畅通。为此，在果子沟大桥引桥的运行管理中，将建立大桥全程监控预警机制，一旦通过监控系统发现桥上有超速（飙车等现象）、超限、形式异常（酒后驾车）的车辆时，为遏制交通事故，将启动如下措施：

（1）监控中心发出指令，通知路政人员和交警进行拦截。

（2）若拦截不住，通知相关收费站加强关注，进行道口拦截。

（3）若拦截前已发生事故，立即启动应急预案，并通知牵引、养护及120、119等相关人员赶赴现场处理。

（4）将事故情况上报高速公路应急指挥中心。

（5）对此类情况处理进行预案后评估，提高预案可操作性。

3.10.2 果子沟大桥引桥交通排堵保畅控制

（1）交通排堵保畅的类别

①由于重大事故造成高速公路单侧全部堵塞；

②由于发生大雾、冰雪天气造成果子沟大桥引桥进行全封闭；

③桥梁设施发生严重事故造成果子沟大桥引桥进行全封闭；

④养护维修造成果子沟大桥引桥进行单侧全封闭。

（2）特殊处置的方法

①果子沟大桥引桥道路封闭；

②对车辆进行分流

a. 利用大桥两侧中央隔离墩进行单侧双向通行；

b. 利用地面道路分流。

（3）特殊处置程序

①交通监控中心接到交警部门下达的封道指令后，立即启动应急

预案，逐级上报高速公路应急指挥中心，领导同意后实施。

②交通监控中心下达指令给值班长，由值班长通知相关收费站封闭道口并在情报信息板上发布封路信息，或通知养护道班执行开启中分带放置安全标志牌、安全锥任务。

③养护单位实施开启中分带后，或收费站实施封闭道口后，由养护道班长、收费站值班站长负责向总值班长、交通监控中心汇报道路、道口封闭情况。

④交通监控中心向交警指挥中心汇报可以执行封道指令。

⑤当可以恢复交通时，由交通监控中心征求交警指挥中心意见同意后，下达恢复交通指令。

⑥交通监控中心下达指令给值班长，由值班长通知相关收费站、养护道班执行恢复交通指令，撤除安全标志牌、安全锥，收费站开放道口。

⑦由养护道班长、收费站值班站长负责向总值班长、交通监控中心汇报道路、道口开放情况。

⑧总值班长、交通监控中心各自做好记录。

（4）特殊处置的措施

若封闭区域外侧有中分带混凝土墩，开启中分带，摆放安全标志牌、安全锥；在交警、路政、牵引单位到位后执行。

第五篇　管理篇

1 日常运营管理策略

本桥设计荷载为公路—Ⅰ级，在日常运营过程中，在管理上主要存在超重车辆过桥的问题。

根据2004年4月公安部、交通部下发的《关于统一治理超限超载车辆认定标准避免重复处罚等有关问题的通知》中所阐述的车辆总质量和轴载质量限值：对于二轴车辆车身和货物总重超过20t、三轴车辆车身和货物总重超过30t、四轴车辆车身和货物总重超过40t、五轴车辆车身和货物总重超过50t、六轴及六轴以上车辆车身和货物总重超过55t等五种情形应认定为超载车辆。

原则上不允许总重超过30%的车辆过桥。在特殊情况下，需按程序办理有关手续，得到批准后，方可按照批准的具体要求过桥。

在日常运营管理过程中，对交通流量、重车轴载进行统计，并根据统计确定管理方案。

1.1 交通流量、重车轴载统计

过桥车辆流量、轴载的统计，是为了预测行车对桥面的破坏作用及对大桥构件的疲劳损伤，科学地制订大桥养护措施，合理分配养护及改造资金提供基础资料。

通过大桥收费站各道口均设有称重系统，全面统计过桥车辆的车型、轴载及各类车占总流量的比例等内容。

对每档车型选取一种车型为该档车辆的代表车型。根据该代表车型的轴载和作用次数，换算成标准轴载的当量轴次。再根据每类车辆中若干档代表车型换算成标准轴载的当量轴次的总和，即可计算得各类车辆的当量轴次换算系数；然后利用统计资料，换算成标准轴载的当量轴次。

交通流量、重车轴载每月汇总一次；标准轴载的当量轴次每半年计算一次。

1.2 超重车辆载重的管理

车载货物应尽可能拆散分车装运，使重量分布长度尽量在较大的范围内，以减少单位长度的压力。货物应装置平稳、适中，避免偏载。在过桥前，应进一步核查车辆总重和轴重，以免出现总重量虽未超过原来货主提交的荷载，但却因偏载造成个别轴重超过验算荷载的情况。

1.3 超重车辆过桥管理

超重车辆过桥应选择在交通量较小的时间段，并事前通告，并请高速交警、路政部门配合，设立超重车可通行线路，采取限制与疏导相结合的方法，以确保结构和交通安全。

1.4 养护技术管理

对大桥进行结构健康监测系统管理、地基基础变位监测管理以及技术资料档案管理等，可保证基础数据的连续性、准确性、完整性，对大桥运营健康状况评估、管理养护有很大的帮助。因此，须尽可能准确、连续地采集这些基础数据。

1.4.1 桥梁结构安全监测

通过监测各种运营和自然条件下桥梁结构主要构件和关键控制部位的结构响应，对获取的响应量进行处理和分析，以期发现大桥在运营过程中出现的异常现象，对行车安全和结构使用安全进行等级预警。

辅助和补充完善大桥常规的人工定期检测方法，提高对大桥在各种环境和运营荷载作用下的结构性能的认知程度，查明不可接受响应的原因，对大桥做出准确的损伤诊断和损伤定位，为大桥的养护维修和运营管理提供科学依据。

要求定期（每月一次）对监测数据进行分析、汇总、归档。如遇恶劣天气状况或特殊交通情况，需及时跟踪，并记录桥梁运营情况。

1.4.2 地基基础安全监测

通过对地基基础进行外部变形监测、应力观测和测斜孔观测，综合分析地基基础外部和内部变形，进行桥墩周边岩体位移和边坡稳定分析。

在动荷载作用下，桥梁的地基基础可能会发生沉降、偏移等病害，除加强日常巡查外，还需要每年对其进行测量，分析地基基础变位情况。

1.4.3 技术资料档案管理

对工程合同、概算管理、计划统计、材料费用管理、工程质量管理以及报表统计和执行情况等方面进行全面跟踪管理，推进技术管理工作的科学化和规范化。

按照国家标准管理技术档案，包括归档标准、档案内容和案卷目录、案卷说明、卷内备考表、案卷脊背、卷内目录等。

对条目和原始电子资料分类，实现资料从产生、归集、发放、借阅到归档的全过程化管理。

2 目标和承诺

（1）重大安全事故发生率为零。

（2）应急反应，如表5-1所示。

应急反应 表5-1

项 目	内 容	响应和完成处理的时间	备 注
应急处理、维修、专项报告的响应时间	排水系统、除湿系统、电力系统损坏等	重要缺陷48h内、紧急缺陷1h内到达现场处理；条件许可应以抢修形式按需作业，直至修理完毕	紧急缺陷：设施设备发生的异常现象严重，如不立即处理将明显导致人身、交通、设备事故发生，或发生异常现象将严重影响管理目标的实现； 重要缺陷：设施设备发生的异常现象有一定的危害性，但尚不至于引起人身、交通、设备事故发生和严重后果者； 一般缺陷：设施设备发生的异常现象较轻微，一段时期内不至于造成事故，且不会影响设施设备安全使用的
	牵引车辆、应急队伍	要求2min内出车、正常情况下15min到达现场。对路面障碍物设施损坏等进行临时处置，立即恢复交通确保畅通	
	指路面障碍物、交通事故、外力损坏设施、车辆火灾等事件后	①牵引得到指令2min内出车、正常情况下15min赶到现场； ②维修部门得到指令5min内出车、正常情况下15min赶到现场	
应急处置和维修作业的完成时间	桥面危及行车安全的病害	及时采取防护措施，主要病害在4h内处理；其他一般病害24h内进行处理	紧急缺陷：发现人立即采取应急措施，并通知值班长，抢修人员1h内赶到现场； 重要缺陷：维修人员48h内到达现场，按正常施工方式施工，直至完成
	护栏损坏、防撞墙损坏，诱导器、标志标牌、路灯杆等损坏	事故现场0.5h临时处置完毕；护栏等交通安全设施损坏、变形等24h予以修复；不妨碍交通损坏的设施10个工作日内修复	

3 人员组织机构

果子沟大桥引桥养护与果子沟大桥养护为同一单位（公路管理分局）。人员组织机构相同，参见果子沟大桥人员组织机构。

4 信息化管理平台

为了提升管理水平，推行数字化、精细化养护，借用信息化管理这一现代化的管理手段，以信息化促进公司的发展，完成传统养护向现代养护的转变，形成了一个通畅、灵活的信息搜集、传递、分析、处理的信息管理机制。信息中心的相关数字化管理已经在养护管理领域发挥了重要作用，提高了工作效率，节约了养护成本，提高了管理效益和经济效益。

信息化管理平台实现的多种养护运营管理功能，主要有以下诸方面：

（1）养护巡检考勤的电子化。

（2）设备网格化动态管理。

（3）养护作业轨迹可循。

（4）信息即时沟通功能。

（5）信息动态化管理。

（6）规范养护作业流程。

（7）养护风险预警功能。

（8）养护作业预先公示。

5 推行PDCA工作法，保证质量措施的落实

PDCA 循环工作法是管理系统原理中的相对封闭原则的实际应用方法，将引入科学先进的全面质量管理理念。在果子沟大桥引桥推行 PDCA 工作法，将养护维修工作做得更好。

6 安全保证措施

6.1 安全检查制度

为了保证安全措施的落实，不断提高安全生产管理水平，根据养

护管理的特点，制定相应的安全检查制度。

（1）每月一次对养护作业现场、班组进行安全检查。

（2）专职安全员、安全部每周一次到养护作业现场、班组进行安全检查。

（3）每天负责大桥巡逻的运行管理员应有安全巡视记录。

（4）每次安全检查做到有全面的记录。每次安全检查后有安全领导小组人员进行评讲。

（5）对查出的问题和事故隐患，整改做到“三定”，即定人，定时间，定措施。最后由安全领导小组人员进行复查。

（6）对重大事故隐患整改通知书所列项目如期完成，并附有书面整改报告。

6.2 养护作业安全技术措施

如何来安全地保洁、养护好设施，既要保证保洁、养护作业人员的安全，又要考虑到社会车辆通行的便利性、安全性，认真执行《公路养护安全作业规程》（JTG H30—2004），在执行和落实安全责任制、各工种安全操作规程、安全检查制度、安全教育培训制度的基础上，还须组织实施严密的安全防范措施和正确合理的交通导向布置。

6.2.1 一般规定

（1）公路管理局全体职工必须自觉遵守、严格执行党和国家有关劳动保护与安全生产的方针、政策、法令和安全生产责任制、各类工种的操作规程，接受安全检查、参加各类安全教育培训。

（2）维护作业必须贯彻“安全第一、预防为主”的方针，杜绝生产和交通事故。

（3）日常保洁、养护维修作业必须向交通管理部门办理手续，遵守交通管理部门的有关规定，密切配合。

（4）实施封闭交通（某一方向或某一车道）作业，集中力量完成所有保洁、养护维修任务。

（5）加强对养护现场安全防范措施的督查，各类养护维修车辆必须配备带有导向箭指灯排的车辆或强光警示灯、封闭交通的标志、标牌等道路施工安全设施，必须符合《道路交通标志和标线》（GB 5768—2009）的要求。

（6）分包零星保洁、养护维修项目，在签订生产合同前，须对施工队伍安全资质进行审查，并签订安全生产协议书。每次作业前做好安全交底，养护施工中进行安全检查，施工后保证安全清场。

（7）安全设施必须由专人负责安放和撤除。

6.2.2 作业人员安全措施

（1）作业人员必须穿着统一规定的反光标志服，头戴安全帽。高空作业必须配戴安全带、安全帽。持证上岗。在做好安全维护的状态下方可进行作业。

（2）作业人员不得随意将工具、材料放到施工区域外，不能坐在危险区域内休息。

（3）作业人员在作业时不得超越封闭的施工区域，不准嬉闹。

（4）对不具备全封闭交通条件的时段，必须配备灯牌车或专用封道路障车，作业人员必须在车辆前方作业。

6.2.3 保洁、养护作业交通控制区安全措施总体要求

（1）针对该段的实际情况，应采用符合国家标准的封道设施，降低和控制潜在的危险系数。

（2）养护作业交通控制区的布置，应符合“标志鲜明、规范统一、安全有效”的原则。交通标志和标牌应按标准制作，图案清晰、意图明了。交通控制区按封闭车道的宽度来进行警告区、上游过渡区、缓冲区、作业区、下游过渡区布置。警告区设禁令标志，该区域内依次设有禁令标志、施工标志和装有导向箭指灯排装置的封道车，向车辆显示前方正在进行施工作业。警告区的长度为60m（一般为车道宽度的5倍）。

6.2.4 用电安全措施

(1) 现场照明：照明电线用绝缘子固定，导线不得随地拖拉，照明灯具的金属外壳必须接地或接零。室外照明灯具距地面不低于3m。

(2) 配电箱、开关箱：应使用BD型标准电箱，电箱内开关电器必须安全无损，接地正确，电箱内应设置漏电保护器，选用合理的额定漏电动作进行分级匹配。配电箱应设置融丝、分开关、零排地排齐全，动力和照明分制设置。

(3) 用电管理：安装、维修或拆除临时用电工程，必须由电工完成；电工必须持证上岗，实行定期检查制度，并做好安全检查纪录。

6.2.5 机械设备安全措施

(1) 驾驶、操作人员必须持有效证件上岗，平时应做好例行保养记录。

(2) 养护工程车、起重机的保险，限位装置必须齐全有效。

(3) 作业时，机械停放应尽可能稳固，臂杆幅度指示器应灵敏可靠。

(4) 设备电缆线应绝缘良好，不得有接头，不得乱拖乱拉。

(5) 各类机械应持技术性能牌和上岗操作牌。

(6) 必须执行保养制度，做好操作前、操作中和操作后设备的清洁、润滑、兼顾、调整和防腐工作。严禁机械设备超负荷使用、带病运转。

(7) 机械设备夜间作业必须有足够的照明。

6.3 安全封道措施

6.3.1 施工封道的操作流程

(1) 封道施工申请经批准后，在实施封道前，工程项目主管、安全主管、施工单位负责人、值班长、路政人员按时到达现场，各自履行分工界面内的职责。

（2）各项准备工作就绪，安全措施落实到位，由值班长下达关闭车道的指令，实施封道。并由值班长通知监控中心，由监控中心发布封道信息和道路施工信息。

（3）交通监控员在监控室外情报板发布信息。

（4）巡逻车开道，携带封道设施和载有人员的作业车随后进入维修养护警告区域。车顶情报板发出“车道封道、车辆向左行驶”的信息。

（5）行至距作业点规定的封道起点，两车停下，在起点处规范放置警示标志，交通锥、警示灯、箭指灯牌等封道设施，完成封道。卸下的专用设备、材料，并必须放置在封道标志固定的区域内，不得越界。

（6）现场负责人和巡逻人员应仔细检查交通安全措施是否规范到位，作业人员安全帽、反光标志服是否穿戴完备，设备、工具、材料是否全在封道区域内，确认无误后方可作业。作业时需派人监护控制，防止车辆干扰养护作业。作业车停在作业地点“上游”，巡逻车停在其“下游”。

（7）交通监控员通过闭路电视，密切监视作业区上游车辆行驶情况。

（8）巡逻车应该将养护作业区域作为重点巡视对象。凡遇人、物越界，通行车辆车速过快，应用车载广播提示，要求纠正。

（9）维修养护作业结束，由其负责人向值班长报告。

（10）作业负责人组织人员逐一逆向撤除封道安全设施和全部设备、工具、材料，并报告值班长；获同意后，作业负责人带领人员上车，驶出车道。

（11）值班长发布开启指令，交通监控员将情报板发布“施工结束、恢复正常通行”的信息。

6.3.2 养护封道的交通组织

为了确保养护维修作业人员和设备的安全，警告、提醒和引导车辆通过养护维修作业控制区域，将严格执行交通部《公路养护安全作业规程》（JTG H30—2004）的要求，在高速公路上设置的养护维修作业控制区由警告区、上游过渡区、缓冲区、工作区、下游过渡区及终止区组成。

分别在作业路段前1.6km、800m、300m处开始设置施工警告牌，提示驾驶员，前方进入施工区域，“注意安全、控制车速”；在上游过渡区设置箭头指示警告标志、限速标志；在缓冲区域（设置太阳能频闪灯）、工作区、下游过渡区及终止区用反光安全锥围封。养护施工结束后，逆向回收山下施工标牌和各类安全设施。

（1）维修养护区域占用右侧一条车道的封道示意图。

（2）维修养护区域占用二条车道的封道示意图。

（3）维修养护区域占用中间一条车道封道示意图。

（4）维修养护区域占用三条车道的封道示意图。

6.4 超限车辆预防措施

目前，超载、超重、超限运输车辆频繁出现，对高速公路和大桥的路面的损坏十分严重，直接构成对公路结构安全的威胁。根据中华人民共和国交通部令2000年第2号文的规定，应重点整治超限运输车辆。

6.4.1 现场措施

（1）值班长和路政人员在通行巡视时必须加强对超限车辆的检查。

（2）监控中心通过监视器适时监控有无超限车辆。

（3）在高速公路沿线和大桥入口处，加强超限车辆管理规定的宣传。

（4）高速公路和大桥监控中心的情报板，必须定期发布超限车辆管理的有关规定。

（5）联合路政、交警、高速公路及大桥上级主管部门加强对超限车辆的执法打击。

（6）在条件许可的情况下，在大桥入口处和高速公路的主要入口设置电子称重装置。

(7) 凡需通过果子沟大桥引桥范围的超限车辆，车主一般应于通行前向公路路政部门提出申请，路政部门在接到承运人的书面申请后，应在规定的时间内进行审查并提出书面答复意见。

6.4.2 超限车通行申请

(1) 车主应向交通管理部门递交书面申请，在交通管理部门批准后，应向公路路政部门提供相应资料和证件。路政部门在审批超限运输时，应根据实际情况，对需经路线进行勘测，制定通行与加固方案，并与承运人签订有关协议。

(2) 路政管理部门对批准超限运输车辆行驶公路和大桥的，应签发《超限运输车辆通行证》。

6.5 车辆牵引措施

6.5.1 牵引服务管理目标

(1) 牵引到位：迅速及时。

(2) 牵引操作：准确熟练。

(3) 牵引过程：安全稳妥。

(4) 牵引服务：优质规范。

6.5.2 发现抛锚、事故车辆的途径和措施

果子沟大桥引桥路线长、掉头位置少，牵引车的布防也较难，所以一旦出现抛锚、事故车辆，牵引车到位的时间较长。因此，必须要本着多渠道、广覆盖、快传递的原则获取各方信息，尽早发现肇事车辆，安排排堵任务。

(1) 主要途径

a. 监控中心的主动发现；

b. 交警、公路指挥中心的指令；

c. 设施巡视人员的报告；

d. 作业人员的发现；

e. 社会电话通报；

f. 驾驶员自行求援。

（2）具体措施

a. 监控中心加强图像的观察，对于产生的拥堵应判断是否由抛锚、事故车引起。

b. 加强与交警部门和公路监控中心联系，通过共用电台、热线电话，得到第一手信息。

c. 协调巡视时间，缩短巡视的间隔时间，提高巡视频率。

d. 做好与大型企业、交通运行协作单位的沟通，以取得相关帮助。

e. 增加救助电话号码的公开途径和方法，便于市民记录。

6.5.3 牵引方案的原则要求

为满足尽快到现场的牵引作业的要求，应当保证牵引力量的科学布置，最大限度发挥好牵引设备的作用。根据各路段车流量的时间性和路段性、易发事故路段、车辆掉头时间、匝道立交分布等情况，设计牵引车辆配置和布点方案。由此，确保车辆发生抛锚情况时，牵引车能就近调动，赶在高速公路或大桥被堵塞前将抛锚车辆牵引离开。

6.5.4 牵引作业安全操作规程

（1）牵引车应确保车况良好，牵引车上配备的消防器材及牵引工具必须完好无缺；牵引作业时，除驾驶室外，车辆的任何部位不准站人。

（2）被牵引的车辆转向器、灯光装置必须有效，否则不准牵引，作吊运处理。

（3）用软连接牵引时，与被牵引车辆须保持5 ~7m的距离。

(4) 牵引车的宽度不得小于被牵引车辆的宽度，不准多辆车同时牵引。

(5) 牵引车就位挂钩时，随车人员应负责指挥设置安全警告标志，开警示灯，布置牵引作业区域，将安全锥摆放位置，并协助驾驶员做好安全工作。

(6) 牵引车作业人员作业期间严禁饮酒。

(7) 牵引车是专用车辆，不得超越规定的工作运行范围。

(8) 在救险过程中，要发扬吃苦耐劳精神，尽力把生命与财产损失降低到最低限度。但要有自我保护意识，不能盲目冲动行事，造成不必要的损失与后果。

7 机械设备、检测仪器配置

机械设备配置，如表 5-2 所示；

检测仪器配置，如表 5-3 所示。

机械设备配置（按实际情况编制） 表 5-2

设备名称	配置数量	规格型号	额定功率容量	出厂时间	数量（台）				新旧程度（%）
					小时	其中			
						拥有	新购	租赁	
路面清扫车	7 辆	东风 JT5161TSL	136kW	2008. 04		√			70%
				2009. 01		√			85%
				2009. 05		√			90%
				2009. 12		√			95%
				2009. 12		√			95%
				2010. 01		√			100%
				2010. 05		√			100%

续上表

设备名称	配置数量	规格型号	额定功率容量	出厂时间	数量（台）				新旧程度（%）
					小时	其中			
						拥有	新购	租赁	
路况巡视车	8 辆	志俊 SVW7182HQD	74kW	2009.08		√			90%
				2009.08		√			90%
		普桑 SVW7180LED		2009.02		√			85%
				2009.02		√			85%
				2009.12		√			95%
				2009.12		√			95%
		尼桑 ZN1033U204	84kW	2008.09		√			85%
				2009.12		√			95%
桥梁检测车	1 辆	XZJ5341JQJ18	78kW	2009.10				√	95%
扫雪车	2 辆	ZLJ5160TXS	108kW	2008.10		√			80%
养护作业人员运送车辆	4 辆	全顺 JX6491TAM3	76kW	2008.09		√			85%
		全顺 JX6641IN3	76kW	2009.12		√			95%
		金龙 XML6807J23	88kW	2009.10		√			95%
				2009.10		√			95%
铣刨机	1 辆	维特根 W1900C	70kW	2006.10		√			80%
压路机	1 辆	BW203AD	60kW	2008.05		√			90%
洒水车	3 辆	中标 ZLJ5166GQX	132kW	2009.05		√			85%
		ZLJ5162GQXE3	132kW	2009.12		√			95%
摊铺机	1 辆	ABG	108kW	2002.10		√			70%
高架车	1 辆	XHZ5063JGK	96	2009.12		√			95%
多功能清洗车	2 辆	中标 ZLJ5064TSL	136kW	2009.05		√			80%
		ZLJ5162GQXE3	136kW	2009.09		√			80%

续上表

设备名称	配置数量	规格型号	额定功率容量	出厂时间	数量（台）				新旧程度（%）
					小时	其中			
						拥有	新购	租赁	
修路王	1 辆	PO400－48－TRK	130kW	2009. 01				√	85%
切缝机	1 台	柏山 NKY－180	9. 5kW	2008. 05		√			80%
灌缝机	1 台	科莱福 SS125D	40kW	2007. 07		√			80%
8T 以上吊车	1 辆	ZLJ5180JQZ12D	176kW	2008. 03				√	80%
发电机	3 台	东风 4BTA39－G2	50kW	2009. 02		√			90%
空压机	2 台	英格索兰 P185	47kW	2009. 03		√			90%
修剪机	3 台	LRT2300	4kW	2009. 10		√			90%
割草机	3 台	VL480SH55	1. 5kW	2009. 12		√			90%

检测仪器配置 表 5-3

序号	设备名称	规格型号	标定日期	合格标定证有无	数量	备注
1	3m 双面尺	3m 玻璃钢测量标尺	2010 年前	有	1	
2	2m 双面尺	2m 木质标尺	2010. 5	有	1	
3	DS3 水准仪	NAL124	2010. 6. 7	有	1	上海测绘院
4	钢卷尺	5m×16mm	2010. 5	有	2	
5	铝架钢卷尺	JLⅡ－50M	2010. 5	有	1	
6	游标塞尺	南仪 JZC	2010. 5	有	1	
7	3m 铝合金塔尺	3m 铝合金	2010 年前	有	1	
8	5m 铝合金塔尺	5m 铝合金	2010 年前	有	1	
9	公路水准检测器	JZC－2 型	2010. 6. 7	有	1	

续上表

序号	设备名称	规格型号	标定日期	合格标定证有无	数量	备注
10	公路工程深度检测尺	0～100mm	2010.5	有	1	
11	质量检测尺	0～100mm	2010.5	有	1	原设备
12	16mm 冲击钻	BOSCH GSB 16 RE		有	1	
13	温度计	ST－2 电子温度计		有	1	
14	徕卡电子水准仪	SDL30 DNA03	2010.5	有	1	
15	全站仪	Leica TC1201（1"）	2010.5	有	1	
16	混凝土回弹仪	HT－225A 型		有	1	
17	裂缝测宽仪	ZBL－F103		有	1	
18	裂缝测深仪	ZBL－F610		有	1	
19	望远镜	NIKONACTION		有	1	
20	数字万用表 001	VC9807A＋		有	1	
21	数字覆层测厚仪	TT220		有		
22	钢筋保护层厚度检测仪				1	
23	超声波检测仪				1	
24	自动摩擦系数仪				1